新型职业农民科技培训教材

果树病虫害综合防治

主　编　张武军　石万成　沈　丽

电子科技大学出版社

图书在版编目（CIP）数据

果树病虫害综合防治 / 新型职业农民科技培训教材编委会编. —成都：电子科技大学出版社, 2012.7（2017.6 重印）
新型职业农民科技培训教材
ISBN 978-7-5647-1244-0

Ⅰ. ①果… Ⅱ. ①新… Ⅲ. ①果树—病虫害防治—技术培训—教材 Ⅳ. ①S436.6

中国版本图书馆 CIP 数据核字（2012）第 153251 号

新型职业农民科技培训教材

果树病虫害综合防治

《新型职业农民科技培训教材》编委会　编

出　　版：电子科技大学出版社（成都市一环路东一段 159 号电子信息产业大厦　邮编：610051）
策划编辑：辜守义
责任编辑：辜守义
主　　页：www.uestcp.com.cn
电子邮箱：uestcp@uestcp.com.cn
发　　行：新华书店经销
印　　刷：郫县犀浦印刷厂
成品尺寸：130mm×195mm　　印张 4.375　　字数 90 千字
版　　次：2012 年 8 月第一版
印　　次：2017 年 6 月 第 9 次印刷
书　　号：ISBN 978-7-5647-1244-0
定　　价：8.30 元

新型职业农民科技培训教材

编委会

编者的话

为贯彻落实中央1号文件和全国农业科技教育工作会议精神，加快培育新型职业农民，推进现代农业发展，保障国家粮食安全和主要农产品有效供给，“以传播农业知识，提高农民素质，促进农业生产，增加农民收入”为宗旨，我们组织有关职业技术院校的涉农专业教师和长期从事农业技术推广工作的资深专家，编写了这套具有较强针对性和实用性，又便于农民朋友学习、提高的培训教材，供各地开展新型职业农民培训时选用。

该套教材采用了国家最新标准、法定计量单位和最新名词、术语，并注重行业针对性和实用性，力求做到内容浅显易懂、图文并茂，让农民朋友易于学习、掌握。该套教材共涵盖种植、养殖、加工、农产品安全等四个大类，共20多种，是目前国内同类教材中最新的一套培训系列教材。

由于编写时间较为仓促，教材中难免存在不足和错误，诚望各位专家和广大读者批评指正。

《新型职业农民科技培训教材》编委会

2012年7月

目 录

第一章
柑橘病虫害

柑橘是亚热带果树，全世界均有栽培，产量逐年上升，目前已远超过苹果、梨、香蕉等水果的产量。其果实营养丰富，耐贮藏，商品经济价值高。我国柑橘栽培具有悠久的历史，世界上栽培的优良品种大多原产于我国。近年来，随着我国农业结构的调整，柑橘生产迅速发展，栽培面积扩大了数倍，出现了许多柑橘生产基地和新的柑橘产区。但是，我国柑橘生产与世界先进国家相比，存在单产低、品质差、供应时间短的差距。造成这种差距的原因很多，病虫危害和滥用农药就是其中之重。因此，要提高我国柑橘的国际竞争力，搞好柑橘病虫害的测报和防治工作在新时期具有特别重要的意义。

第一节　柑橘病虫害的种类

我国柑橘病虫约有 800 多种，常见病虫有 50 ~ 60 种。但不同的地区，不同的年份，不同的季节，病虫发生的数量和种类是不同的。四川柑橘病虫害有500多种，其中病害100多种，虫害400多种，危害严重的病虫约有20多种。从病虫发生的总体上看，虫害重于病害，最突出的虫害是螨、蚧、蛾三大类群。按照四川省柑橘病虫的分布和危害程度，可分为以下三种类型。

一、主要病虫

分布面广、发生量大、危害严重，常年给柑橘生产造成严重损失，是防治工作的重点。如柑橘炭疽病、柑橘裂皮病、柑橘脚腐病、柑橘螨类、柑橘蚧类、柑橘花蕾蛆、柑橘潜叶蛾等。

二、检疫性病虫

只分布在局部地区，随寄主调运传播，危害严重，国家明文规定为检疫对象或检疫性病虫。在其分布区内，必须实施彻底根治，限期根除，调出的柑橘种苗、接穗、果实都不得携带这类病虫。如柑橘溃疡病、柑橘黄龙病、柑橘大实蝇、蜜橘大实蝇等。

三、一般性病虫

大多为零星分布，危害程度轻，一般都不专门用药防治。如柑橘白粉病、柑橘黄斑病、柑橘地衣病、柑橘卷叶蛾、柑橘黑蚱蜢、柑橘珊瑚粉虱等。

第二节　柑橘主要病虫的演替

柑橘是多年生常绿果树，与粮食作物相比，柑橘园的生态环境比较稳定。由于柑橘园中有益生物与有害生物之间的相互制约作用，病虫的演替并不像粮食作物那样复杂多变。20世纪50年代中期以前，我国柑橘病虫以恶性叶甲、天牛、爆皮虫、花蕾蛆、卷叶蛾、树脂病、脚腐病、疮痂病、溃疡病及华南橘区的黄龙病等为主。但近四十年来，随着栽培技术和管理水平的提高，化学农药和化肥的大量使用，柑橘园生态环境的相对稳定受到了人为因素的剧烈干扰，柑橘园的病虫优势种群发生了明显变化，一些主要病虫（如恶性叶甲、爆皮虫）成为次要病虫，而另一些次要病虫则上升为主要病虫（如螨类），造成柑橘园主要病虫种群的演替。

目前我国柑橘的主要病虫是：柑橘螨类（红蜘蛛、黄蜘蛛、锈壁虱）、柑橘潜叶蛾、蚧类（矢尖蚧、红蜡蚧、褐圆蚧）、吸果夜蛾、黄龙病、溃疡病、脚腐病、疮痂病等。柑橘病虫演替的人为因素主要有以下几个方面。

一、栽培技术和管理水平的提高

20世纪50年代以前的柑橘园，一般树龄较大，管理粗放，钻蛀性虫害危害严重。后来通过老柑橘园更新改造，剪虫枝，人工钩杀幼虫等综合措施，钻蛀性害虫得到了控制。通过开沟排水、降低地下水位、提高嫁接口高度等措施，柑橘脚腐病的发生危害逐年减轻。

吸果夜蛾原为森林及草原野生蔓性植物的害虫，如鸟嘴壶夜蛾危害防己科植物，柑橘夜蛾原危害野生野木瓜和通草。但随着柑橘栽培逐步向山区、半山区发展，吸果夜蛾原有的野生食物减少，继而转向侵害柑橘果实，成为发展山区柑橘生产的重要害虫。肥水条件的改善，使柑橘潜叶蛾危害逐年加重。

二、化学农药的使用

20 世纪 50 年代以前柑橘病虫的防治主要靠自然调节，辅以一定的人工防治（如剪摘虫叶、虫枝，扫落叶等）及施用少量的植物性杀虫剂和无机杀虫剂，对病虫的控制力弱。20 世纪 50 年代有机氯农药（六六六、DDT）的大量使用，使一些大型食叶性害虫叶甲、凤蝶、卷叶蛾等种群数量迅速下降，地面撒“六六六”使一些常年受柑橘花蕾蛆危害的柑橘区（如四川江津）免遭损失，柑橘花蕾蛆在这些地区连续多年未造成大的危害。但与此同时，蚧类的种群密度迅速上升，致使蚧类在全国柑橘区猖獗为害。20 世纪 70 年代起，有机磷农药逐步取代有机氯农药，因蚧类对有机磷农药敏感，其种群数量逐渐下降。但有机磷农药对天敌的杀伤力强，使得螨类失去自然控制力而成为全国柑橘区的重要害虫。拟除虫菊酯类农药的使用，更刺激螨类的大量发生。目前柑橘区全年农药使用量的近三分之二是用来消灭螨类的。

由此可见，农药对昆虫种群的演替起着重要作用，它不但消灭了一些对农药敏感的害虫和天敌，同时，使一些具有抗药性、繁殖力强或栖息场所隐蔽的昆虫在失去了竞争对手的情况下大量繁殖，成为再猖獗的虫源，给防治工作带来了困难。种种迹象表明，凡大量使用有机氯农药的柑橘园，蚧类的危害往往较严重，而大量使用有机磷农药和拟除虫菊酯类农药的柑橘园，螨类发生严重。

三、人为引进新的病虫

20 世纪 60 年代由日本引进的一批温州蜜柑新品系，带进了温州蜜柑萎缩病；20 世纪 20 ~ 30 年代从美国引进的华盛顿脐橙、伏令克柠檬等，20 世纪 60 ~ 70 年代从摩洛哥引进的脐血橙、卡特尼拉甜橙和伏令夏橙，从阿尔巴尼亚引进的甜橙以及从古巴引进的柳叶橙、花叶橙等品种，带有裂皮病病原，成为目前我国柑橘生产中一个潜伏的毁灭性病害。

前些年的“柑橘热”期间，许多橘农不了解黄龙病和溃疡病的危害性，从疫区大量调进柑橘苗，使黄龙病由广东、福建和广西少数柑橘区迅速传播到浙江、江西、湖南、贵州、四川、云南等省。同样的原因，柑橘溃疡病也几乎遍及整个柑橘产区。

第三节 柑橘病害

一、柑橘裂皮病

症状

柑橘裂皮病可侵染柑橘类的许多种和品种，一般带病苗木定植 3 ~5 年后，砧木外皮纵向开裂。有的翘裂呈鸡爪状或细条状，须根很少，树冠生长受抑制，新梢少而弱，叶片变小；有的叶片叶脉附近绿色而叶肉黄化，类似缺锌症状，部分小枝枯死，病株开花多而落花落果严重；有的病株只表现裂皮而树冠并不显著矮化；有的病株树冠矮化但无明显的裂皮症状；有的病株病斑发展缓慢，几年之内仅限于砧木的一部分；有的病株病斑发展却很迅速，很快遍及整个砧木。病株很少死亡，但因其结果少，单果重降低，产量锐减而失去经济价值。

病原及发生规律

柑橘裂皮病的病原属类病毒，它没有蛋白外壳，以游离的低分子量的 RNA 形式存在于寄主组织细胞中，对各种化学和物理因子的作用有较高的稳定性。

该病随苗木和接穗传播，并可通过嫁接、受病原污染的工具、菟丝子等寄生物、机械接种等方式传病。种子不传病。至今仍未发现媒介昆虫，例如蚜虫、叶蝉、木虱、粉虱等传播此病。病株和隐症带毒株是本病的侵染源。寄主的感病性是决定病害发生的主要因素。枳、枳橙、兰普来橙和其他一些黎檬及香橼等染病后，表现出明显的症状；甜橙 、宽皮橙和酸橙等染病后，不显病状，成为隐症带毒植株。

二、柑橘溃疡病

症状

叶片症状：初在叶背出现黄色或暗黄色针头大小的油渍状斑点，后逐渐扩大，同时叶片正、反两面均隆起，成为近圆形米黄色木栓质病斑，后期病斑中央部分下陷开裂如火山口状，多个病斑相连形成不规则的大病斑。病健组织交界处有一圈褐色釉光边缘，最外围有黄绿色晕圈。

枝梢症状：病斑特征与叶上相似，比叶上病斑更为隆起，病斑中心也呈火山口状开裂，但无黄色晕环。严重时叶片脱落，枝梢枯死。以夏梢发病最重。

果实症状：病斑也与叶上相似，但病斑较大，一般直径4~5毫米，最大可达12毫米，木栓化程度比叶部更坚实，病斑火山口开裂也更为明显。病斑周围亦有褐色釉光边缘。病斑仅限于果皮上，严重时引起早期落果。

病原及发生规律

柑橘溃疡病菌是一种细菌。病菌潜伏在病叶、病梢和病果内越冬，尤以秋梢上的病斑为其主要越冬场所。第二年春，在适宜条件下，病部溢出菌脓，借风雨、昆虫和树枝接触传播至嫩梢、嫩叶和幼果上，在水膜层保持20分钟左右，病菌才从气孔、皮孔或伤口侵入幼嫩组织。一般经3~10天潜伏后开始发病。还有潜伏浸染现象，有的秋梢被侵染后，到次年春季才显现症状。

高温多雨季节有利于病菌的繁殖和传播。一般在25~30℃条件下，雨量和雨日与病害发生成正相关。嫩梢组织只有在高温多雨时才易受到感染。雨水是病菌传播的主要媒介。病菌侵入需要组织表面有20分钟以上水膜，故一般干旱季节，病害不发生或很少发生。

寄主感病期即嫩梢期生长状况与病菌侵入密切相关。该病菌只能在幼嫩组织的一定发育阶段侵入，一般嫩梢叶在萌发后20~60天和幼果在落花后35~80天时，最易病菌侵入。过早或过迟，病菌都难于进入。一般苗木、幼树抽梢次数多，发病较重，幼树夏梢因抽梢重叠不齐，提供病菌侵入的机会多，若遇高温多雨季节，发病最重。老树因夏梢少、春梢抽发早而齐，故发病轻。此外，栽培管理不当，如品种混栽、偏施氮肥，潜叶蛾危害重、伤口多，均易促使发病。

三、柑橘炭疽病

症状

柑橘炭疽病又称爆皮病，是四川柑橘产区发生普遍和危害较重的病害。发病后可引起落叶、落果，枝梢枯死，树皮爆裂，树势衰退，严重时全株枯死。柑橘果实接近成熟期危害果梗，引起蒂枯果落；贮运期还会引起果实大量腐烂。由于病原及危害部位不同，症状多种多样。

叶片症状

①普通型：病斑多发生在成长叶或老叶的叶缘，呈半圆形、近半圆形，或不规则形，稍凹陷，中央浅灰褐色或灰白色，边缘褐色或深褐色，病健组织分界明显。干燥时病斑中部干枯并出现黑色小粒点；多雨高湿条件下，病斑上则出现肉红色黏质小液点。

②落叶型（枯斑型）：病斑多从叶尖处开始，少数从叶缘一侧开始发病，初呈暗绿色像热水烫小斑，后迅速向叶基方向扩展成黄褐色的大叶斑，边缘不清晰，似云纹状近圆形或不规则形，上生大量朱红色带黏性小液点，病叶很快脱落。

③次生型：初在叶片两侧脉与主脉间朝叶缘方向形成棱角状的褪绿斑，呈水渍状或半透明状，稍显皱状纹，后期叶片褪绿斑内枯焦。

枝梢症状：一种发生在枝梢中部，多从叶柄基部腋芽处或受伤皮层处开始发病。初为淡褐色椭圆形，后扩展出长菱形，稍下陷。当病斑扩展到环绕枝梢一周时，病梢由上而下枯死。3 年生以上枝条的病斑因皮色较深，病部不易观察清楚。如剥开皮层，可见到皮层枯死和病部扩展范围。病枝上的叶片往往卷缩干枯，经久不落。如病斑较小或扩展较慢，随枝条的生长，病斑周围形成愈伤组织，病皮干枯脱落，病部形成大小不等的菱形或长条形病疤。另一种是由梢顶向下枯死，多发生在受冻害后的秋梢上。枯死部位呈灰白色，上有许多黑色小粒点，病健部位分界明显。

苗木症状：常从幼苗嫩梢顶部第一、二片叶开始，如烫伤状，后渐向下扩展，最后嫩梢变黑枯死。有的苗木在离地面 6 ~ 10 厘米处或嫁接口处开始发病，病斑深褐色，不规则，严重时可引起上部枝梢枯死。

大枝及主干症状：病斑多为长菱形或长椭圆形，少数呈条状或其他形状，病斑长短 1 ~ 3 厘米不等。病斑边缘较整齐，周围产生愈伤组织。病部坏死干枯后，皮层爆翘脱落，呈“爆皮”状。也有的病部干枯后，病皮紧贴木质部，与健皮交界处有裂缝。病斑环绕主干或大枝时，全树或大枝死亡。

花、果症状：雌蕊首先受害，呈褐色腐烂而引起落花。幼果发病初为暗绿色油渍状不规则病斑，后扩至全果。潮湿时病果出现白霉层及淡红色小粒点，腐烂后失水缩成僵果，不易脱落。成果受害，有的仅在果皮上形成黄褐色至深褐色革质化微下陷的干疤状；有的在果皮外表形成红褐色或暗褐色条点状微凸的“泪痕”型；还有引起果实腐烂的腐烂型。腐烂型发生在果园或贮藏期高湿的果实上，多从蒂部或近蒂部开始发病。初为淡褐色水渍状，后变褐色腐烂，囊瓤也变褐色或黑色腐烂。烂果脱落或成僵果挂于树上，湿度大时病部表面产生由白而灰绿色的菌丝和黑色小粒点或朱红色小液点。

病原及发生规律

柑橘炭疽病病原菌属半知菌亚门的一种真菌。该病主要以菌丝和分生孢子在病枝、病叶和病果上越冬。第二年春季当温度、湿度适宜（21 ~ 28℃、多雨）时，病菌借风雨或昆虫传播，引起发病。春季发病叶片和枝梢上可持续不断地产生大量分生孢子，是后期再侵染和次年初侵染的主要来源。病菌还具潜伏浸染特性。该病在夏秋高温多雨或冬季冻害较重，早春低温、土壤质地黏重，土层浅薄、有机质含量低，地下水位高，排水不良等不利的环境条件，引起植株生理不适应时，就发生多、危害重。施肥水平低，偏施氮肥以及病虫严重导致树势衰弱，都可能引致该病大发生。

四、柑橘脚腐病

症状

该病主要危害主干，当病部环绕主干时，叶片黄化、枝条干枯，以致植株死亡。病害多从根颈部的树皮开始发病，向下侵害根，引起主根、侧根乃至须根腐烂；向上发展可达20厘米，使树干基部腐烂。病部树皮变褐腐烂后，有酒腥臭味。病部纵向发展较快，而向左右蔓延较慢，当其横切时全株枯死。病树将死的当年或前一年大量开花结果，但果小、着色早、味酸、易脱落。病部在潮湿时流出褐色胶液，干燥条件下病组织开裂变硬，病健部有一条明显的褐色界线，条件适宜，病部重新扩展危害。

病原及发生规律

该病的病原为两种真菌。病菌主要通过植株表面的自然孔口（如气孔、皮孔、水孔等）及伤口（虫伤、冻伤、机械伤口等）侵入危害。病害的发生与品种、气候、栽培管理关系密切。甜橙类发病最重，红橘次之，柚类受害最轻。气温20℃～30℃、相对湿度85%以上易发病，因而该病常在高温多湿的4～8月发生。土质黏重、排水不良、粉沙土等土壤干湿变化大、果园郁闭，湿度大以及过多的虫伤、冻伤或农作造成的机械伤口，都易促使该病发生。

第四节　柑橘虫害

一、柑橘全爪螨

柑橘全爪螨又称柑橘红蜘蛛、瘤皮红蜘蛛。属蛛形纲，蜱螨目，叶螨科。

危害状

被害植物的叶片、绿色枝梢及花和果实，使被害部位呈现许多灰白色小斑点，失去固有的色泽，在春末夏初常造成大量落叶、落花、落果，严重削弱树势，导致减产。

形态特征

雌成螨　体长0.2～0.4毫米，暗红色，椭圆形。背面及背侧有瘤状突起，上生白色刚毛，故有瘤皮红蜘蛛之称。足4对。

雄成螨　体较雌成螨略小，鲜红色，体后区的末端狭，呈楔形。

卵　直径0.13毫米，近球形，略扁平。初产时鲜红色，接近孵化时颜色减退。卵上有一垂直的柄，柄端有10～20条细丝，向四周散射伸出，附着于叶面上。

幼螨　体长0.2毫米，初孵时淡黄色或黄色。足3对。

若螨　形状近似成螨，个体较小，足4对。在幼螨、前若螨、后若螨蜕皮之前，各有一个不食不动的静止期。

发生规律

柑橘全爪螨一年发生多代，代数因各地温度高低而差异。世代重叠，年均温 15℃的地区发生 12～15 代，17℃～18℃的地区发生 16～17 代，20℃以上的地区发生 20～24 代。主要以卵和成螨在柑橘潜叶蛾危害的僵叶内及叶背越冬，部分在枝条裂缝内越冬，卵量多于螨量。冬季和早春卵多螨少，在一定时间内变为螨多卵少，此时是药剂防治适期。其在树冠内的分布为聚集型，树间的分布 2～3 月为随机型，4～6 月为邻接型。在四川省一般一年只有一个盛发期，3～6 月盛发，4～5 月为盛发高峰期，部分地区 9～11 月又出现第二盛发期。柑橘全爪螨的发生消长和危害程度受多种环境因素的影响，主要是气候、营养、越冬基数、天敌、栽培和施药等因素。该螨喜温光，一般冬干春旱的年份会大发生。喜在幼嫩组织上生活。

二、柑橘始叶螨

柑橘始叶螨又称柑橘黄蜘蛛、四斑蜘蛛。属蛛形纲，蜱螨目，叶螨科。

危害状

该螨危害柑橘叶、花蕾、果实及嫩梢，以春梢嫩叶受害最重。被害叶片呈黄色斑块，受害处常凹陷畸形，叶片卷曲。凹陷处常有丝网覆盖，成螨常活动和产卵于网下。始叶螨猖獗年份造成大量落叶、落花和落果，影响树势和产量。

形态特征

成螨　雌成螨体长 0.35～0.42 毫米，体近梨形，腹部末端宽钝；雄成螨腹部末端尖削，体形小，体色橙黄。越冬成螨颜色较深，体躯多毛，体背有明显的黑褐色斑纹 4 个。足 4 对。头胸部两侧有橘红色眼点 1 对。

卵　球形略扁，光滑，直径 0.12～0.14 毫米。初产时乳白色，透明，后为橙黄色，近孵化时灰白色，浑浊。卵顶端有 1 根较粗的柄。

幼螨　体近圆形，长约 0.17 毫米，足 3 对。初孵化时淡黄色，在春秋季节，经 1 天后在雌性背面即可见 4 个黑斑。

若螨　体形与成螨相似，较小，足 4 对。前若螨体色与幼螨相似，后若螨颜色较深。

发生规律

卵和成螨在柑橘树冠内膛、中下部的叶背越冬。发生代数因温度而异。年均温 18℃左右的地区，发生 16 代以上；15℃～16℃地区，发生 12～14 代，且世代重叠。行两性生殖，也有孤雌生殖现象。卵多产于叶背主脉、支脉两侧。2 月下旬柑橘始叶螨开始活动，3～4 月春梢抽发后即从老叶迁移至春梢新叶危害，4～5 月螨量达到高峰，6 月以后螨量急剧下降，7～8 月螨量少，10 月以后再次出现螨量小高峰。该螨喜荫蔽环境，多在树冠内部和中下部生活，只在叶背危害。冬干春旱和冬春气温偏高的年份常大发生。生长衰弱管理差的成年园危害重。

三、柑橘锈壁虱

柑橘锈壁虱又称柑橘刺叶瘿螨、锈螨、牛皮柑、黑炭丸、铜病等。属蜱螨目，瘿螨科。

危害状

柑橘锈壁虱以口器刺入柑橘组织吸食汁液，叶片、枝条、果实被害后，油细胞破裂芳香油溢出，经空气氧化使叶背和果皮变成污黑色；严重时当年生春梢叶大量脱落，果皮变黑褐色，果小、皮厚、味酸，品质低劣。

形态特征

成螨　体长 0.1 ~ 0.2 毫米，楔形或胡萝卜形，黄色或橙黄色，头小，向前方伸出，具螯肢和须肢各 1 对。头胸部背面平滑，足 2 对。腹部有许多环纹，背面环纹为 28 个，腹面环纹为背面的 2 倍，腹末具伪足 1 对。

卵　圆球形，表面光滑，灰白色透明。

若螨　形似成螨，较小。腹部光滑，环纹不明显，尾端尖细，具足 2 对。

发生规律

成螨在柑橘的腋芽、卷叶（潜叶蛾危害后的僵叶）、果实（过冬的夏橙、柠檬）的萼片下越冬，越冬死亡率高。发生代数随地区及气候不同而异，在四川地区一般为 18 ~ 20 代，行孤雌生殖。当日温达 15℃以上时便可爬出活动取食，5 ~ 6 月蔓延至果面上，6 月下旬起繁殖迅速，7 ~ 10 月为发生盛期，8 月以后转移到当年生秋梢叶上危害，到 11 月中、下旬仍可见到在叶上和果实上取食。长期干旱后降雨湿度增加，虫口剧增，常暴发成灾。冬季温暖，越冬成活率高；土壤瘠薄，植株衰弱；果园常喷波尔多液等含铜、锌、锰、硫的杀菌剂与溴氰菊酯、氯氰菊酯等杀虫剂，杀灭了大量天敌，容易导致该螨大量繁殖成灾。

四、矢尖蚧

矢尖蚧又名箭头介壳虫、白厌。属同翅目，盾蚧科。

危害状

常寄生于枝梢、叶及果实上，被害处四周变成黄绿色，严重时叶片卷曲枯焦，枝条枯死，甚至引起植株死亡，影响柑橘产量和果品质量。

形态特征

成虫　雌成虫介壳细长，长2～3.5毫米。紫褐色，周围有白边，前端尖，后端宽，中央有1条纵脊，蜕皮位于前端。雄成虫介壳白色，蜡质，长形，长1.3～1.6毫米，两侧平行，壳背有3条纵脊。

卵　椭圆形，长约0.2毫米，橙黄色。

若虫　第一龄为草鞋形，橙黄色，触角及足均发达，尾端有1对长毛；第二龄为扁椭圆形，淡橙黄色或淡黄色，触角及足均消失。

蛹　长约1.4毫米，长形，橙黄色，尾节的交尾器突出。

发生规律

主要以受精雌成虫和少部分二龄若虫越冬。在四川一年发生 2～3 代，世代重叠，行两性生殖。一、二、三代若虫盛发期分别在 5 月、7 月中旬和 9 月出现，成虫分别在 3 月下旬、6 月下旬和 9 月上旬盛发。雄若虫多群集在叶背和果实背阴面为害，数量常比雌虫多 2～3 倍。一代若虫多危害老叶，二、三代若虫危害新梢、幼果。被风吹落的有虫叶片是果园内矢尖蚧传播的主要方式，枝叶果的相互接触和带虫苗木、果实、接穗也是传播途径之一。

五、网纹绵蚧

网纹绵蚧又称多角绵蚧。属同翅目，绵蚧科。

危害状

若虫、成虫均能吸食柑橘的嫩枝、叶片及果梗等部位的汁液，使树势生长不良，并能诱发煤烟病，影响果实品质。

形态特征

雌成虫　长椭圆形，背部中央隆起呈灰黑色，体背布满透明或白色蜡质物，白色的蜡质卵囊由虫体腹下向后延伸。虫体两侧亦分泌有蜡质绵状物，在接近前端的左右两边，各伸出几条蜡质绵状物。

卵　淡黄绿色，长椭圆形。

若虫　初孵化时为长椭圆形，淡黄绿色，背面中央纵纹为淡黄褐色。二龄若虫初期无色透明，以后背面中央纵纹变成灰黑色。

发生规律

网纹绵蚧一般一年发生 2 代，在四川省南充地区一年发生2~3代，世代重叠，以2~3龄若虫越冬。越冬代雌虫在4月下旬开始产卵，5月上旬为盛期，5月中旬为末期。第1代若虫孵化期为5月中旬至6月上旬；第1代雌成虫产卵期为8月上旬至9月上旬，第2代若虫孵化期为8月中旬至9月下旬。雌虫在整个生育期均能排泄蜜露，所以煤烟病严重。

六、柑橘潜叶蛾

柑橘潜叶蛾又称鬼画符、绘图虫。属鳞翅目，橘潜蛾科。

危害状

以幼虫在柑橘嫩茎、嫩叶及果实表皮下钻蛀危害，形成银白色的弯曲隧道。受害叶片卷缩或变硬，易于脱落，使新梢生长不实，影响树势及第二年开花结果。

形态特征

成虫　体长仅2毫米，翅展5.3毫米。体及前翅均银白色。前翅披针形，翅基部有两条褐色纵纹，约为翅长的一半。翅中部又具2条黑纹，形成开口的“Y”字纹；翅尖缘毛形成一个黑色圆斑，内有一较小白斑。后翅银白色，针叶形，缘毛极长。

卵　椭圆形，长0.3~0.6毫米，白色透明。

幼虫　体黄绿色，初孵时体长0.5毫米。胸部第1~2节膨大近方形，尾端尖细，足退化。成熟幼虫体扁平，纺锤形，长约4毫米。头部尖，胸腹部每节背面在背中线两侧有4个排列整齐的凹孔。

蛹　纺锤形，初化蛹时淡黄色，后渐变黄褐色。腹部可见7节，第1～6节两侧各有瘤状突，各生刚毛1根；末节后缘每侧有明显肉质刺1个。

发生规律

潜叶蛾的蛹和老熟幼虫在苗圃晚秋梢或冬梢嫩叶表皮下或茧里越冬，卵不能越冬。四川一年发生9～10代。卵期短暂，孵化后幼虫潜入叶、果表皮下面取食，高龄幼虫通常在叶缘附近将叶卷起包围身体，并吐丝结茧化蛹。在四川省第4～6代虫量多，5月初开始发生，6月危害轻，秋梢受害重，尤以晚秋梢受害最重。柑橘嫩梢抽发期施肥过多，特别是氮肥过多，叶片嫩绿，易引起潜叶蛾大发生。

七、柑橘花蕾蛆

柑橘花蕾蛆又称柑橘瘿蝇、柑蕾瘿蝇、花蛆、花包虫、灯笼花等。属双翅目，瘿蚊科。

危害状

成虫在花蕾上产卵，幼虫孵化后危害花器，使花蕾变形变色，不能开花结实。

形态特征

成虫　形似小蚊，雌成虫体长1.9～2.8毫米，暗褐色，被有细毛。雄成虫体长1.2～1.5毫米，灰黄色，触角除基部外，各节呈哑铃状。

卵　无色透明，长椭圆形，长0.6毫米，卵外包有一层胶质，胶质在卵的末端引申成1条线。

幼虫　共3龄，一龄幼虫无色透明，腹部末端圆钝，体长0.25～0.27毫米。二龄幼虫仍透明，腹部末端左右各有3个很小的刺，排列成三角形，体长1.6毫米。三龄幼虫乳白色，长纺锤形，在前胸腹面有1褐色"Y"状骨片，体长2.8毫米。

蛹　初期乳白色，将羽化时复眼和翅黑褐色，体长1.8~2毫米。

发生规律

花蕾蛆一年发生1代。幼虫于4月上、中旬盛发，成虫羽化后1~2天交尾产卵，卵期3~4天。幼虫共3龄。幼虫在花蕾中危害10天左右即生长成熟，4月中、下旬第三龄幼虫开始脱蕾入土休眠，一直到次年春季3月中、下旬化蛹。蛹期8~10天，柑橘现蕾时陆续羽化。

八、柑橘大实蝇

柑橘大实蝇俗称柑蛆，属双翅目，实蝇科。被害果称"蛆柑"，是国内外检疫对象。

危害状

幼虫蛀食柑橘果实的囊瓤和囊壁，使被害果未熟先黄，内部腐烂，早期脱落，不能食用。

形态特征

成虫　体长10~13.2毫米，黄褐色。复眼绿色，中胸背面中央有深褐色"人"字形斑纹，腹部中央有1条黑色直纹，与第3腹节前缘的黑色横纹交叉成明显的"十"字纹。

卵　乳白色，长椭圆形，长1.2~1.5毫米。一端稍尖，中央弯曲。近孵化时，两端透明。

幼虫　乳白色，老熟时体长15～18毫米，头小尾大成蛆状，由11节组成。口器黑色，常缩于前胸内。

蛹　体长8.5～11毫米。肥而短，近纺锤形，淡黄褐色，近羽化时变黑色。

发生规律

一年发生1代，蛹在树干下土中越冬，在次年4月下旬至6月上旬先后羽化为成虫。成虫先在荫蔽林丛中取食蚜虫、蚧类分泌的蜜露或植物蜜汁。约6月上旬才飞上柑橘树，在果实上产卵，6月中旬至7月上旬为产卵盛期，卵在果实内孵化，幼虫一直在果内危害至老熟，随被害果落地，出果入土化蛹。土壤含水量对蛹的存活、羽化都有影响，春旱年份发生轻。

柑橘大实蝇远距离传播主要是虫害果的转运，或随水流传至下游地区。越冬蛹也可随带土苗木传至外地。成虫远距离飞翔也是传播途径之一。

第五节　柑橘病虫害综合防治

一、加强检疫性病虫害的检疫和防除

四川省柑橘检疫性病虫害有柑橘溃疡病、黄龙病、柑橘大实蝇和蜜橘大实蝇。严格检疫、防止检疫性病虫害传播蔓延是柑橘病虫害综合治理的重要措施。一方面要按照植物检疫规程，严格把关，杜绝病虫害传入新区；另一方面在疫区要积极开展防除工作，对检疫性病虫害要实行全种群对策（TPM），即要求在一定区域内

实现对象病虫绝灭的目标。

二、选用优良抗性砧木品种及无病毒苗木

生产上可根据具体情况选用枳橙、枳、香橙、红橘等砧木。选用无病毒容器壮苗，嫁接高度不低于 15 厘米，可有效地防止病毒病、脚腐病等主要病害。

三、加强栽培管理

（一）冬季清园，合理修剪，改善通风条件。

11～12 月剪除蚧类和粉虱类等病虫危害重的枝梢以及过度郁闭的衰弱枝和干枯枝，放在空地上，待天敌飞出后再集中处理，使树体通风透光良好、生长健壮，减少越冬虫源。

（二）平衡施肥，合理灌溉，增施有机肥和复合肥，增强树势。

（三）抹芽放梢，切断病虫侵染循环。在柑橘抽发夏、秋梢时，采取人工抹芽，去零留整，集中放梢，使夏、秋梢抽发整齐。

四、保护利用天敌

柑橘园天敌种类多、数量大，是控制害虫、稳定橘园昆虫群落的重要因素。充分发挥天敌对害虫的控制作用，是柑橘害虫综合防治的优势和关键。要以保护利用自然天敌为主，人工引进释放为辅，重点保护，综合利用。保护天敌的措施应贯穿综合防治的全过程，重点要考虑以下几点。

（一）禁止使用高毒、高残留农药，选用生物制剂和高效、低毒、低残留的新药剂，协调保护天敌与与化学防治的矛盾。

（二）改进防治方法和喷药技术。如采用根部施药、树干涂药和包扎内吸性药剂等，避开天敌的发生高峰期施药；尽量采取单株挑治的办法；施用选择性强的高效、低毒、低残留新药剂等，均可减少对天敌的伤害。

（三）橘园草生栽培，合理间作，改变果园小气候和有益生物组成，创造优良的橘园生态环境。可在园内或果园周边种植“蜜源”植物或“桥梁”作物，招引天敌栖息繁衍。如种植苏麻、紫苏、百花草、胡豆、三叶草等，可招引寄生蜂、瓢虫、草蛉、捕食螨等天敌来栖息，充分发挥自然天敌的控害作用。

五、科学、合理使用药剂防治

药剂防治仍然是综合防治的一个重要手段。为了保证柑橘优质丰产，必须控制暴发性病虫害。施用农药应从控制病虫害和保护天敌的原则出发，并尽可能减少农药对环境的污染。科学用药主要抓以下几项措施。

（一）加强病虫监测，掌握防治适期，严格按防治指标使用药剂，尽量减少施药次数和施药面积。

（二）优先使用植物源、微生物源和昆虫生长调节剂，有限量地合理使用矿物源农药（硫、铜制剂）。

（三）严格执行国家和四川省有关规定，禁止使用高毒、高残留农药及其混剂。

（四）有限度地使用部分高效、低毒、低残留的化学农药防治病虫。

柑橘红、黄蜘蛛：3～4 月，当每叶有红、黄蜘蛛 3～5 头或有螨叶率达 20% 时选用生物制剂 1.8% 阿维菌素乳油 2000～4000 倍液，或杀螨剂 5% 噻螨酮乳油 1000～2000 倍液，或混配剂 16% 哒螨·三唑锡可湿性粉剂 1000～1500 倍液或 73% 机油·炔螨特乳油 2000～3000 倍液喷雾。

橘蚜和黑刺粉虱：新梢有蚜株率达 10% 以上时选用 3% 啶虫脒乳油 2500～4000 倍液，或 10% 吡虫啉可湿性粉剂 3000～5000 倍液喷雾，兼治黑刺粉虱。

矢尖蚧：在幼蚧盛孵期，即第一代若蚧初见日后 21 天，选用 25% 噻嗪酮可湿性粉剂 1000～1500 倍液或 48% 毒死蜱乳油 1000～2000 倍液喷雾。

潜叶蛾：放梢后 7～10 天，当嫩梢的卵（虫）率为 3% 时，选用 1.8% 阿维菌素乳油 2000～4000 倍液，或 25% 灭幼脲悬浮剂 1000～2000 倍液喷雾。

炭疽病和疮痂病：发病初期选用 80% 代森锰锌可湿性粉剂 400～600 倍液，或 25% 咪鲜胺乳油 500～1000 倍液喷雾防治多种病害。

第二章

苹果病虫害

《中国果树病虫志》记载，我国有苹果病害 90 种，其中真菌病害占 81.10%，缺素症和生理病害占 13.30%，细菌和病毒病害占 5.6%。四川省重要病害：危害枝干的有苹果树腐烂病、干腐病；危害叶片、新梢的病害有早期落叶病、白粉病；危害果的病害有：苹果霉心病，另外还有根部病害。

苹果害虫有 348 种，分属 10 目，76 科，其中鳞翅目害虫占 43.4%，鞘翅目害虫占 26.2%，同翅目害虫占 17.2%，余下 7 目害虫占 13.2%。四川主要害虫有：危害叶片新梢的山楂叶螨和苹果全爪螨、苹果小卷叶蛾、苹果祸卷叶蛾、顶梢卷叶蛾和金纹细蛾及蚜虫类等；危害枝干的潜皮蛾、天牛等；危害果实的桃蛀果蛾、梨蠓甲和卷叶蛾等。由于四川苹果产区生态条件有差异，各地病虫种类也有一定差异。

第一节 苹果病害

一、苹果树腐烂病

症状

腐烂病主要危害结果大树的主枝、主干及较大的侧枝或辅养枝，重病园苹果树小枝、果台、干桩等也常发病，特殊条件下，幼树及苗木也受害。果实虽然也可发病，但一般较为少见。

腐烂病症状的主要特征是皮层腐烂，烂皮有酒糟味，后期病斑上常常从皮下突出小黑点，潮湿时小黑点上常常溢出卷曲的橘黄色丝状孢子角。

在较大的枝干上常常形成溃疡型病斑，表面红褐色，略隆起，水渍状，组织松软，按之下陷并流出黄褐色汁液，病皮易剥离，剥开后可见红褐色的腐烂皮层，可闻到强烈的酒糟味；发病后期，病部失水干缩，边缘开裂，变黑褐易下陷。这种溃疡型病斑常常呈梭形，多数都可烂至木质部。有时病斑不规则，红褐色，扩展迅速，绕树皮一周后，病部以上的枝条逐渐枯死。

病原及发生规律

腐烂病菌是子囊菌亚门黑腐皮壳属的一种真菌。病菌的菌丝，分生孢子器、子囊壳在罹病树皮内越冬。病菌孢子主要借风雨传播，从树皮伤口侵入。在长势旺盛、抗病力强的苹果树上，病菌侵入后可能长时间地潜伏，只有在侵染周围的树皮衰弱、垂死、抗病力降低时才能扩展并侵害活组织，而致树皮腐烂。在2月至11月期间，腐烂病均可侵染，一般在3月下旬至4月下旬腐烂病斑扩展最快，到5月上中旬病部逐步停止扩展，产生分生孢子器，并涌出大量孢子角，到6月底基本停止活动，9月上中旬又开始扩展，但比较缓慢，至冬季病菌在树皮内越冬。

冻害和栽培管理不善，是此病严重发生的主要诱因，树皮冻伤或创伤后，潜伏的病菌就获得蔓延扩展的条件，引起腐烂病的大流行。栽培管理条件对病害发生轻重也有重要影响，一般施肥不足，结果过多，害叶性病虫重，早期落叶，使树势衰弱，或施肥灌水不当，后期贪青徒长的果园，发病较重；新建果园进入结果后期，如不相应增施有机肥，腐烂病也会大发生。反之，栽培管理精细，树势强健的果园，发病轻。

二、苹果树干腐病

症状

苹果树干腐病主要危害衰弱的老树和定植后管理不善的幼树。幼树受害，初期多在嫁接口附近形成暗褐色至黑褐色病斑，以后沿主干向上扩展，常呈稍凹陷的带状条斑，病斑周围开裂，后期病斑上密生突起的小黑点，严重时病斑绕树一周，可致幼树枯死。

大树受害，多在主、侧枝上发病，在衰弱的老树上，亦可危害小枝。主、侧树上发病，病斑暗褐色，不规则形，病皮坚硬，常溢出茶褐色黏液，称之“冒油”。病部干缩凹陷，周缘开裂，表面密生小黑点，严重发病时，多块病斑连成一片，树皮组织坏死。重症可烂至木质部，病枝衰弱甚至枯死。

病原及发生规律

干腐病菌是子囊菌亚门葡萄座腔属的一种真菌。病菌菌丝体、分生孢子器及子囊壳在枝干病部越冬，第二年产生分生孢子进行侵染。干腐病菌是一种弱寄生菌，只能侵害衰弱的植株或枝干以及定植后处于缓苗期的幼树。病菌孢子随风雨传播，经伤口侵入，也能从枯芽或皮孔侵入。病菌侵入时，先在死组织上生活一段时间，而后再侵染活组织。

在树皮含水量低时，病菌扩展迅速；树皮含水量高时可限制病菌扩展。所以，在干旱年份发病重；在一年内，干旱季节发病重。干腐病在四川“三州”地区一般发病重于盆地内苹果区。此病从 5 月到 11 月均有发生。

三、苹果白粉病

症状

苹果白粉病主要危害叶片和新梢，也能危害芽、花和幼果，幼苗的嫩茎也能受害。

苗木染病后，先在顶部的叶片及嫩茎上产生白色斑块，病部布满白粉状物。发病严重时，病斑扩展至全叶，病叶萎缩，逐变褐色致枯死。

大树染病时，病芽抽梢较迟，抽出的新梢及嫩叶布满白粉，新梢节间缩短并明显瘦弱，叶片狭小细长并常常扭曲，叶缘上卷，质地硬而脆，常干枯早落；展叶后染病，叶背易出现白粉斑，病叶常皱缩扭曲，严重时干枯早落；花受害时，花萼和花柄扭曲畸形，花瓣细长、扭曲，病部亦有白粉状物，病花很少能坐果；幼果和成熟果发病时，多在萼洼和梗洼处产生白粉状物，后呈“锈皮”状，果柄发病时常常引起早期落果。

病原及发生规律

苹果白粉病菌是子囊菌亚门单囊叉丝壳属的一种真菌，以菌丝体在冬芽的鳞片间或鳞片内越冬。从一个枝条的芽位来说，顶芽带菌率最高，第一侧芽次之，第四侧芽以下基本不带菌。来年苹果树发芽时，菌丝生长，首先侵害从病芽抽出的新梢和嫩叶，而后产生分生孢子，随风雨或人为传播，一年中可多次连续重复侵染蔓延，但以春、秋梢迅速生长期发病最盛。

苹果白粉病在干旱年份的温暖环境中发病较重。地势低洼，栽植过密的果园发病较重；偏施氮肥导致钾肥不足，树冠郁闭、枝条细弱时发病重。

四、苹果早期落叶病

苹果早期落叶的原因一是因病害引起，二是水害引起。病害主要有：褐斑病、圆斑病、灰斑病、轮斑病等4种，重病年大量落叶，造成二次叶和二次开花，对树势和产量影响很大。

症状

①褐斑病　主要危害叶片，有时也危害果实。叶片的主要症状是病斑中部褐色，边缘绿色，外围黄色，病斑上有小黑点，病叶极易变黄早落。若仔细观察，可把褐斑病分为三种类型：一是病斑圆形或近圆形，边缘明

显，病斑上的小黑点排列成轮纹形，称为同心轮纹形；二是病斑小，数量多，形状不规则，多呈针芒状向四周放射，没有明显边缘，称为针芒型；三是病斑很大，形状不规则或近圆形，中部有小黑点，但无同轮纹，外围呈针芒放射，称为混合型。

②灰斑病　主要危害叶片，病斑大小不一，病斑圆形或近圆形，叶片上病斑初期为褐色，后变成灰色，并散生许多小黑点。一般情况下不易落叶，但病斑多时，叶片易焦枯，病健交界处有梢隆起的紫褐色线纹。

③轮斑病　一般危害叶片，有时也危害果实。叶片病斑较大，圆形或半圆形，边缘清晰，暗褐色，有明显的轮纹，潮湿条件下，病斑背面产生黑色霉状物。成熟果可受此病菌危害，产生暗黑色病斑，最后可致果实软化腐烂。

④圆斑病　主要危害叶片，也可危害嫩枝和果实。叶上病斑圆形，褐色，边缘清楚，中部有一道紫褐色环纹，内有一个小黑点。果实上病斑暗褐色，梢凸起，圆形或近圆形，边缘不甚规则，后期病斑上可散生许多小黑点。

病原及发生规律

几种早期落叶病的病菌都是半知菌亚门的真菌。病菌菌丝体在带病的落叶中越冬。第二年在高湿条件下，越冬病菌可产生大量孢子，主要通过风雨传播，轮斑病菌还可通过气流传播。在各种早期落叶病中，圆斑病和轮斑病发生最早，5 月中、下旬即可发生；其他几种（褐斑病和灰斑病）于6 月上、中旬开始发生，7 ~ 8 月多雨季节是各种落叶病的发生盛期。重病年 8 月中、下旬开始大量落叶，9 月初树冠中、下部的叶片可以落光，造成苹果树二次出叶、三次开花，损失十分严重。

雨水及多雾是早期落叶病害流行的主要因素。挂果大树、弱树、土壤积水根系发育不良的树、土层薄而贫瘠的果园等发病重。在同一株树上，内膛比外围病重，树冠上部比中下部轻。

五、苹果霉心病

症状

苹果霉心病只危害果实，从果实心室开始发病，逐步向外扩展。幼果期即可发病，重病果早期脱落，剖开果实可见心室坏死，并有红、绿、黑等霉状物。病果若不脱落则可正常成熟，外观并无异常现象，但切开后常见果心处有褐色坏死斑及各色霉状物。病果一般比健果早着色，但色泽发黄，或果形稍有不正，往往被误认为采前落果。在采收期至贮藏期，病菌逐步侵害果肉组织，从果心向外变褐腐烂，往往以果心一侧先腐烂，局部烂到果面，在果面上发生水渍状、褐色、不规则形的湿腐斑。不久，数斑连成一片，全果腐烂，果肉变苦。

病原及发生规律

苹果霉心病是危害元帅系苹果的一种严重果实病害。导致苹果霉心病的几种真菌（包括粉红单端孢菌、链格孢菌、头孢霉菌），在苹果树体及土壤中广泛存在，生命力较强。在春季温湿度适宜时，随风雨传播，从花器及萼筒侵入果心。随着果实发育，霉心病不断增长，在贮藏期继续扩展危害，引起果实腐烂。在田间一般从5月开始至整个生长期都有霉心病发生和危害，以7~8月发病最重。苹果品种间发病情况，与萼筒开放率和开放期长短呈正相关。元帅系品种的萼筒开放者居多，开放期长，因而易感霉心病。

六、苹果根部病害

苹果根部病害按其发病原因可以分为两大类：一类是由不良环境条件引起的生理性病害；另一类是由病原菌寄生而引起的侵染性病害。下面介绍几种侵染性病害。

①圆斑根腐病

症状

病菌首先危害根毛、小根，再逐步蔓延至大根。发病初，先于须根基部产生红褐色圆斑，病部皮层腐烂，最后使整段根变黑死亡。

病原及发生规律

导致圆斑根腐病的病菌均为半和菌亚门的真菌，可以长期在土壤中腐生，在整个生长季节都可侵染危害。7~8月份随着病情的发展，叶片逐渐变小，发黄。长期肥水不足，土壤过分黏板结，排水不良，结果过多，树势衰弱，发病重。

②根朽病

症状

根茎及主根基部皮层肿胀湿润，蘑菇味浓。皮层内及皮层与木质部之间充满白色或棕黄色的菌丝，呈扇状分布。新鲜菌丝层在暗处可发出蓝绿色荧光。7～8月高温多雨季节，在病根颈部或露于地面的病根上丛生蜜黄色蘑菇状的子实体。

病原及发生规律

根朽病菌是担子菌亚门的一种真菌，病菌菌丝体在病树根部或随病残体在土壤中越冬。病害在田间主要靠病根与健根接触而传染蔓延，在苹果树生长季节内均可发病，6～9月为发病盛期。适温高湿条件加剧病害发生。

③白绢病

症状

白绢病主要危害树干基部，在距地表5～10厘米处发病较多。病部表皮褐色，水渍状，表面产生白色绢丝状菌丝层。病部皮层组织腐烂，有酒糟味，并溢出褐色汁液。后期在病部或者地表附近裂缝中长出许多油菜子大小的褐色菌核。

病原及发生规律

白绢病菌是担子菌亚门的一种真菌，以菌丝体在病树根颈部或以菌核在土壤中越冬，土壤内菌核可存活5～6年，是此病菌传播的主要形态。菌核萌发后长出菌丝，从果树根颈部侵入皮层。4～10月均可发病，7～9月为发病盛期。幼苗定植过深，埋土较厚，土壤积水、土壤黏结发病重。

第二节 苹果虫害

一、桃蛀果蛾

桃蛀果蛾属鳞翅目，蛀果蛾科，又称为桃小食心虫、桃小猴头、豆沙馅等。

危害状

幼虫蛀食果实，被害果一般在幼虫蛀食后不久从蛀果孔内流出泪珠状果胶，果胶干涸后呈一小片白色蜡质膜。随着果实的长大，蛀果孔愈合成黑点，黑点的周围有凹陷。幼虫入果后在果皮下潜食果肉，使果面上出现凹潜痕，导致果实发育畸形，俗称“猴头”果。幼虫在果内危害后期，由于食量增大，且纵横串食，果内充满虫粪，故有“豆沙馅”之称。

形态特征

成虫　灰白或浅褐色的小蛾。雌虫比雄虫体形略大，前翅近前缘中部有蓝黑色近三角形的大斑，翅基部及中央部分具有7~9簇黄褐色或蓝褐色的斜立鳞毛片。后翅灰色，缘毛较长。

卵　椭圆形，竖立似桶形，深红色，卵壳上具有不规则略呈椭圆形刻纹，卵顶部环生2~9圈“Y”字形外长物。

幼虫　老熟幼虫体长13~16毫米，桃红色，头黄褐色；幼龄幼虫黄白色。

蛹　黄褐色，体长6.5~8.6毫米，体表光滑无刺。

蛹外有茧，茧有两种：一种是越冬茧，由幼虫吐丝缀合土粒而成，扁圆形，质地紧密，内包越冬的幼虫；另一种是蛹化茧，亦称夏茧，由幼虫吐丝缀合细土粒而成，纺锤形，质地疏松，一端留有成虫羽化孔，内包蛹体。

发生规律

桃蛀果蛾在四川西部一年发生1代，在盆地内一年发生1~2代。老熟幼虫在土壤中作扁圆形冬茧越冬。第二年5月中下旬，当平均气温15.5℃时，越冬幼虫爬出土面，于1~2日内在根际附近的石块、杂草等缝隙处作纺锤形的蛹化茧，并化蛹其中。经过15~20天，成虫陆续羽化，即6月上旬末即可见到成虫，6月下旬成虫羽化达盛期，7月中旬达高峰期。成虫羽化后1~3月产卵，卵主要产在苹果萼洼内，少数产在梗洼及叶背面。卵期7~11天。成虫白天不活动，日落后开始活动，深夜最活跃，成虫无趋光性和趋糖醋液。成虫寿命平均5~6天。幼虫孵化后，选择适当部位蛀入果内，蛀入后2~3天，蛀孔流出果胶。幼虫自蛀果到脱果，在气温19℃~23℃时，平均24.5天。8月中旬幼虫脱果落地，作扁圆形冬茧在土壤中越冬。

桃蛀果蛾的发生危害程度受多种生态因子的影响。在温度21℃~27℃，相对湿度在75%以上时，最有利于成虫产卵和卵粒孵化。5月上中旬如果园土壤含水量为10%以上时，有利于越冬幼虫出土，土壤有利于此虫的发生。

二、山楂叶螨

山楂叶螨属蜱螨目，叶螨科，又名山楂红蜘蛛、樱桃红蜘蛛，俗称“火龙”。

危害状

成螨、幼螨和若螨均以刺吸口器刺入叶片组织取食汁液，被害叶片初期呈现灰白色失绿小斑点，随后扩大以致全叶呈灰褐色，终而焦枯脱落。常开二次花，不仅影响当年产量，且大大影响花芽的形成和次年产量。

形态特征

成螨　雌螨有冬型和夏型之分。冬型成螨朱红色，有绢丝光泽；夏型成螨初为红色，后变暗红色，体背两侧有黑色斑纹。两型螨体均为椭圆形，背隆起。背面有刚毛 26 根，分成 6 排，足 4 对。

卵　球形，表面光滑，有光泽。前期产卵橙红色，后期产卵黄白色或橙黄色。

幼螨　足 3 对，体圆形，黄白色，取食后体背两侧呈现淡绿色斑纹。

若螨　足 4 对，幼螨脱第 1 次皮称前若螨，脱第二次皮称后若螨。体卵圆形到椭圆形，体色为淡绿或绿色。

发生规律

山楂叶螨在四川西部地区一年发生 5～6 代。受精的冬型雌成螨在苹果树翘皮、裂缝和树干基部周围的土块里越冬。雄成螨在越冬前死去。第二年春，当连续日平均气温达到 10℃ 以上时，越冬雌成螨开始出蛰上树，此时正值苹果花萌动期，苹果树展叶至花序分离期为雌成螨出蛰盛期，谢花期为出蛰末期。

冬型雌成螨出蛰上树后，先潜伏在芽周围或芽鳞上，当芽一开绽，立即爬到芽的绿顶上为害，继而危害花丛和叶丛。冬型雌成螨出蛰取食一周后，当气温达16℃开始产第1代卵。在苹果谢花后11天左右，第1代卵大部分孵化，第1代卵发生期相当整齐。以后各世代重叠，各螨态同时并存。到7~8月山楂叶螨发生数量达全年高峰，如防治不好，常会造成严重损失。

山楂叶螨不十分活跃，常一小群一小群地在叶背危害，并吐丝拉网，卵多产在叶背主脉两侧及丝网上。雌成螨产卵30~70粒。一般情况下，早春山楂叶螨多集中在树冠下部内膛枝叶上，以后逐渐向上向外扩散，至秋季则集中在秋梢上危害。一般叶背绒毛少，较光滑品种受害重；干旱年份发生重，多雨年份发生轻。山楂叶螨天敌较多，应尽量保护和利用天敌，减少用药量，保护环境。

三、苹果全爪螨

苹果全爪螨属蜱螨目，叶螨科。又名苹果红蜘蛛。

危害状

成螨、幼螨和若螨吸食萌发嫩芽和叶片汁液，螨口数量大时，也危害幼果，芽被害影响展叶、开花。被害叶初期呈现失绿小斑，后期变黄、发脆，但不提前脱落。

形态特征

成螨　雌成螨比雄成螨体略大，近半卵圆形，背面隆起，红色，取食后呈暗红色，足4对，黄白色。

卵　圆形稍扁，顶端有一小柄，似葱头状。夏卵橘红色，冬卵深红色。

幼螨　体深红色，取食后为暗红色，足3对。

若螨　前期若螨体色较幼螨深，足4对。

发生规律

苹果全爪螨在四川西部一年发生6代。冬卵在苹果短果枝、果台和二年生以上枝条的分叉、叶痕、芽轮及粗皮等处越冬。来年春季当气温日平均为10℃～11℃时，越冬卵开始孵化，此时正值苹果树花序伸长期，苹果现蕾期为苹果全爪螨冬卵孵化盛期，冬卵孵化期非常整齐，自孵化始期至孵化高峰期仅4～5天。田间第一代成螨产卵高峰期为苹果终花期。以后各世代重叠，7月份以前田间数量增加阶段，即6、7月份田间螨口数量最多。7月中旬以后为数量下降阶段，8月下旬以后雌成螨开始产卵越冬，到10月下旬，已全部产卵越冬。

苹果全爪螨的幼螨、若螨和成螨多在叶背活动取食，不吐丝结网。夏卵多产在叶正面基部主脉两侧，苹果全爪螨雌成螨平均一生可产卵25.3～69.6粒。

四、苹果小卷叶蛾

苹果小卷叶蛾属鳞翅目，卷蛾科。

危害状

早春幼虫危害嫩芽，并流出大量胶滴，重者嫩芽枯死，影响抽梢。吐蕾时，危害花蕾，并吐丝缠绕花蕾，使花蕾不能开放。危害嫩叶时，将吐丝缀合数叶，啃食叶肉，并多次转移危害新梢，幼虫长大时常将2~3片叶平贴果面，或潜伏果与叶、果与果之间，舔食果面和梗洼果面、果肉，造成针孔状或不规则小坑洼伤痕。

形态特征

成虫 体长5~8毫米，翅展13~23毫米。体黄褐色，前翅斑纹褐色，中带上半部狭窄，下半部向外侧显著增宽或下半部分成二叉，似倾斜的“h”形。后翅浅灰色，缘毛灰黄色。

卵 扁平椭圆形，淡黄色，半透明，孵化前出现黑褐色小点。卵块多由数粒卵排列成鱼鳞状，表面有胶质覆盖物。

幼虫 老熟幼虫体长13~18毫米，小幼虫黄绿色，长大后呈翠绿色。头部黄绿色，较小，略呈三角形，头壳两侧各有一黑色斑点。

蛹 体长7~10毫米，黄褐色。第二腹节背面有两列刺突，尾端有8根钩状刺毛。

发生规律

苹果小卷叶蛾一年发生3代。幼龄幼虫潜伏在树皮裂缝、剪锯口四周死皮以及潜皮蛾危害后的翘皮内，作长形白色薄茧越冬。越冬幼虫于第二年4月下旬至5月上旬开始出蛰，幼虫出蛰后顺枝干爬到新梢上危害幼芽、嫩叶和花蕾。展叶后幼虫吐丝缀合叶片危害，老熟后在其中化蛹，蛹期6~7天。以后各代成虫发生期为：越冬代成虫5月下旬至7月上旬，第1代于7月中旬到8月下旬，第2代于8月下旬至9月上中旬。成虫昼伏夜出，有趋光性，并对果汁、果酸和糖醋液有强的趋性。成虫羽化后1～2天交尾产卵，卵多产在叶面，每雌可产卵块1～2块，约200粒，每个卵块平均约100粒。卵期7～10天。初孵幼虫通常分散在卵块附近叶背的丝网下或上代幼虫缀合的虫卷内危害，稍长大后各自分散卷叶危害。幼虫受惊动后则扭头倒退，吐丝下垂逃逸。

五、苹果褐卷叶蛾

苹果褐卷叶蛾，属鳞翅目，卷蛾科。

危害状

幼虫危害嫩芽、花蕾和叶片，与苹果小卷蛾相似，但危害果实后造成的伤痕与小卷叶蛾不一样，此虫危害呈片状凹陷伤痕，危害部位多在梗洼处。

形态特征

成虫　体长8～11毫米，翅展16～25毫米，全体褐色。前翅基斑、中带、端纹均为浓褐色，轮廓极清楚。

卵　扁圆形、淡绿色或黄绿色，卵块排列成鱼鳞状。

幼虫　老熟幼虫体长12～25毫米。头部较大，略呈方形，淡绿色，头壳两侧后缘处各有一深色斑。前胸盾绿色，多数个体后缘两侧各有一黑斑。

蛹　体长9～12毫米，头胸部背面深褐色，腹面梢带绿色，腹部淡褐色，第1～7腹节背面各有两横列刺突。

发生规律

苹果褐卷叶蛾一年发生3代。越冬虫龄、越冬部位同苹果小卷叶蛾，生活习性和发生时间同苹果小卷叶蛾。

六、顶梢卷叶蛾

顶梢卷叶蛾属鳞翅目，小卷叶蛾科。

危害状

幼虫危害苹果新梢，常将新梢顶端的嫩叶卷成“拳头”状卷叶团，隐藏其中，取食时虫体一半伸出。嫩梢被害后常影响梢的延长和生长，同时顶梢叶片偏向一方，虫梢上的卷叶团冬季不脱落。

形态特征

成虫　体长6~8毫米，翅展12~14毫米，体淡褐色。头顶密生鳞毛。前翅长方形，翅面有灰黑波状横纹，前缘有数条并列向外斜伸的白色短线，后缘外侧1/3处有一块三角形暗色斑纹，静止时合成菱形。

卵　扁椭圆形，乳白色或淡黄色。卵面光滑略有光泽，半透明。卵壳上有明显的多角形横纹。

幼虫　体长8~12毫米，体肥胖粗短，污白色或淡黄色，各节有白色毛瘤。头部红褐色。

蛹　体长5~8毫米，纺锤形，黄褐色，尾端有8个钩状刺毛和6个小齿。茧椭圆，外有黄色绒毛。

发生规律

顶梢卷叶蛾一年发生2代。2、3龄幼虫在被害枝梢卷叶团内结茧越冬，少数在侧芽两边和叶腋处越冬。翌年苹果树发芽时开始出蛰，先从枯梢卷叶团内爬出来转移到临近的嫩芽和叶丛内危害。开始时大部分先转移到顶梢节上一、二、三芽内，其中早出蛰的主要危害顶芽，晚出蛰的逐渐向下危害侧芽。6月初越冬幼虫老熟，随即在卷叶团内结茧化蛹。蛹期15天左右，6月上中旬至7月上旬出现越冬代成虫。成虫在叶背产卵，卵期6~7天。初孵幼虫仍在顶梢上卷叶危害，7月中下旬至5月中下旬发生第一代成虫，继续产卵繁殖，幼虫危害至10月中下旬，到2、3龄阶段，即在顶梢卷叶内结茧越冬。

顶梢卷叶蛾成虫昼伏夜出，白天多潜伏在叶背或隐蔽的枝条上，略有趋光性。卵多产在顶梢嫩叶背面，每头雌虫可产卵80~90粒。苗木、幼树受害重于大树，树势强的树受害重于树势弱的树。同一株树外层和上部新梢受害重于内层和下部新梢。在梨树中，西洋梨重于中国梨。

七、金纹细蛾

金纹细蛾属鳞翅目，细蛾科。

危害状

初孵幼虫咬破叶片下表皮蛀入叶内，在下表皮与海绵组织间串食，使表皮与叶肉脱离。经4~6天后，幼虫在虫斑内开始网眼状咬食叶肉。叶片正面斑块两侧出现透明的网眼，此时，幼虫在表皮内壁吐一层薄丝，以致叶片下表皮皱缩而鼓起。被害部呈椭圆形，虫粪排在虫斑内，并吐丝将虫粪联结。严重时一叶片有数头虫，虫斑数个，造成提早落叶。

形态特征

成虫　金黄色蛾子，头部银白色，顶端有两丛金色鳞毛。前翅狭长，从基部到中部有二条银白色条纹，一条沿前缘端部间下弯曲而尖锐，一条在中室尖端部稍向外缘。后翅狭长，灰褐色，缘毛长。

卵　扁椭圆形，乳白色，半透明，有光泽。

幼虫　细纺锤形，稍扁，初龄幼虫淡黄色，渐变黄色。初龄幼虫无胸足，腹足呈一毛片。老熟幼虫有胸虫，腹足仅存于第三、四、五、十节上。

蛹　黄褐色。头部左右有一对角状突起，触角比身体长。

发生规律

金纹细蛾一年发生 4 ~ 5 代，蛹在被害叶片中越冬。第二年当气温上升至 10℃ ~ 12℃时，于 4 月中下旬越冬蛹开始羽化。成虫在早熟苹果产卵危害，以后各代成虫产卵在不同苹果品种上。各代成虫期发生时间为：第一代于 5 月下旬至 6 月上旬；第二代于 7 月上旬；第三代于 8 月中旬；第四代于 9 月中旬。世代重叠。

成虫多在日出后至 10 时和傍晚前后活动，中午及夜间一般不活动，潜伏于枝干、杂草和石缝中，活动空间小，仅在树冠内。卵产在幼嫩叶片背面长绒毛下面，一雌虫可产卵 45 ~ 50 粒。幼虫无转叶危害习性，因此在一叶片上往往有数个到十多个虫斑，受害很重。金纹细蛾春季为害轻，秋季为害重。金纹细蛾幼虫有多种寄生天敌，金纹细蛾跳小蜂对控制其危害可起到良好作用。

八、梨潜皮蛾

梨潜皮蛾属鳞翅目，细蛾科。又名梨潜细蛾、苹果潜皮蛾，除危害苹果外，也危害梨树和其他落叶果树。

危害状

幼虫在苹果枝条的表皮下串食，形成弯曲的线状蛀道，以后蛀道汇集一片，表皮枯死翘起。特别是结果初盛期及二年生枝条受害重，甚至整株枯死，同时还为其他病虫的危害和越冬提供场所。

形态特征

成虫　一种小型蛾子，头部白色，胸部背面白色并布有褐色鳞毛，触角灰白色，长达前翅末端。前翅狭长，银白色，上有 7 条褐色横带。后翅细长，灰褐色。前后翅毛极长。

卵　椭圆形，水清色、半透明，背面隆起，具有网状花纹。

幼虫　前期幼虫（1 ~ 6 龄）体扁平，头部呈三角形，黄褐色，胸足和腹足退化；后期幼虫（7 ~ 8 龄）头部近圆形，体近圆筒形，褐色，胸足 3 对，腹足退化。

蛹　淡黄至深黄色，近羽化时出现黑褐色花纹。茧呈肾形，黄褐色，系老熟幼虫吐丝连缀翘皮而成。

发生规律

梨潜皮蛾一年发生 1 ~ 2 代，前期幼虫（3 ~ 4 龄）在被害枝条蛀道中越冬。第二年 4 月下旬越冬幼虫开始活动，6 月下旬幼虫老熟，在剥离皮层下作黄色薄茧化蛹，蛹期20~30天。越冬代成虫于7月中下旬出现，第一代幼虫于8月上旬出现，为害两个多月后于10月下旬至11月上旬越冬。

成虫羽化、交尾、产卵均在夜间进行，白天栖息树冠下部枝条上。卵多产在表皮老滑、绒毛少和较柔嫩的二年生枝条上，卵散产，每头雌虫可产卵8~12粒。树势旺盛的苹果产卵多，因而受害重。幼龄树较老龄树受害重，树冠内膛枝条和中下部枝条受害重，在低洼潮湿地区，近水源地区或多雨年份受害较重。

九、绣线菊蚜

绣线菊蚜属同翅目，蚜科。

危害状

成虫和若虫群集危害新梢、嫩芽和叶片。被害叶片的叶尖向背面横卷，严重时新梢和嫩叶上布满蚜虫，叶片皱缩不平，成为鲜红，影响光合作用，抑制新梢生长，导致早期落叶和树势衰弱。

形态特征

有翅胎生雌蚜　头、胸黑色，腹部绿色或浅绿色，腹部两侧有明显的乳状突及黑色斑纹。触角6节，短，第3节有圆形感觉圈6~10个，排成一列。腹管圆柱形，具瓦纹；尾片长圆锥形，有翅两对。

无翅胎生雌蚜　全体黄色、绿色或黄绿色，卵形。头部淡黑色，复眼、口器、腹管和尾片均为黑色。触角短，6节，第3~6节有瓦纹状；腹管、尾片同有翅胎生雌蚜，身体两侧有乳状突起。

卵　椭圆形，初为淡黄色，后变淡黑色，有光泽。

若虫　体鲜黄色，触角、复眼、足和腹管均为黑色。腹部较肥大。有翅若蚜胸部较发达。

发生规律

绣线菊蚜的生活周期类型属留守式型，即只有一种寄主或几种近缘寄主。绣线菊蚜可以在苹果树完成其生命周期，无迁移现象，无中间寄主。绣线菊一年发生十余代，以卵在小枝条的芽侧或裂缝内越冬。第二年苹果树萌动时开始孵化，由越冬卵孵化出来的蚜虫称为干母（有翅或无翅），群集在芽或叶片上为害。干母营孤雌胎生。十余天后干母胎生出来的蚜虫为干雌（以后各代均为干雌），以后则产生有翅或无翅后代。绣线菊蚜从春季到秋季一直以孤雌生殖方式繁殖。随着苹果树的生长，绣线菊蚜的数量逐渐增加，田间以 5 月份数量最多，6 月中下旬以后数量逐渐减少，到 10 月份开始产性蚜，分雄雌两种性（一般雄蚜无翅，雌蚜有翅），雌雄交尾后产卵越冬。

绣线菊蚜天敌种类很多，对其起到了较好的控制作用。因此，合理用药，保护天敌是很重要的。

十、苹果瘤蚜

苹果瘤蚜属同翅目，蚜科。

危害状

成虫和若虫群集危害新梢、新芽、嫩叶及幼果。被害叶片常自叶缘两侧向背面纵卷成双筒状。叶片正面出现红斑，后变黑褐而死亡。幼果被害，果面呈现许多凹陷的红斑。受害严重的苹果树，枝梢叶片全部卷曲，使新梢不能正常生长，花芽不能正常形成。

形态特征

无翅胎生雌蚜　头部黑色，各胸节有绿斑，腹节淡色。体表粗糙，有深色不规则油条形构造，背毛甚短。额瘤显著，中额微隆。触角黑色。腹管长圆筒形。尾片圆锥形，有刚毛6~7根。

有翅胎生雌蚜　头、胸黑色。触节第三节有次生感圈23~27个，第四节有4~28个，第五节有0~2个。身体绿色，或红褐、黄色微带绿色，有翅两对。

卵　长椭圆形，黑绿色，有光泽。

若虫　淡绿色，体小，似无翅蚜。

发生规律

苹果瘤蚜为留守式蚜虫，一年可发生10余代。以卵在小枝条的芽缝、腋芽内和一年生、二年生枝条分杈处越冬，少数在剪锯口和受虫害的卷叶内越冬。第二年四月上旬越冬卵孵化，中旬为孵化盛期，4月下旬结束。当花芽膨大时，若虫常钻入芽的缝隙内为害，嫩叶展叶时在叶背为害，以后又转害幼果。5~6月繁殖最快，为害也很重。此时，无翅雌蚜每头每天可胎生若蚜数头至数十头。在5月下旬至6月中旬，苹果瘤蚜可产生有翅蚜，但此时数量不多，扩散速度比较慢，如果防治不及时，受害则很严重，甚至死树；到7~8月间，田间蚜量减少；到10~11月产生性蚜，雌雄蚜交配后产卵越冬。

十一、苹果枝天牛

苹果枝天牛属鞘翅目，天牛科。

危害状

成虫咬食嫩枝、梢及树皮、嫩叶，叶片被害后呈破碎状。成虫产卵在当年生新梢皮层内。幼虫孵化后从髓部向下危害，每隔一定距离咬一圆孔，孔口处有黄色虫粪，被害枝梢枯黄。

形态特征

成虫　雄虫体长约15毫米，雌虫体长约18毫米。体圆筒形。头、胸和腹部橙黄色；触角、鞘翅和足黑色。触角11节，触角基瘤黑斑较显著。头顶两侧各有1个显著黑斑点，有时彼此接近或相接。后胸腹板两侧部分黑色。额广阔，微凸，具细密刻点。前胸背板两侧中后各有一个瘤状隆起。鞘翅狭长，前半部刻点粗深，后端刻点细密。足短，后足腿节不超过腹部第二节。

卵　乳白色，长椭圆形。

幼虫　体长28~30毫米，全体橙黄色，头部褐色。前胸前板两侧有一斜向的沟纹，成倒“八”字形。

蛹　长11~17毫米，淡黄色。头顶有一对突起。

发生规律

苹果枝天牛一年发生1代。老熟幼虫在被害枝条的蛀道内越冬。第二年4月开始化蛹，5月上中旬为化蛹盛期，蛹期15~20天，5月上旬成虫开始羽化，5月下旬至6月上旬为羽化盛期。5月底至6月初开始产卵，6月中旬为产卵盛期。成虫产卵在当年生新梢皮层内，产卵时先咬两个环状沟，再从下面一个环状沟向枝梢上分咬一纵沟，形成“⊥”字形，然后产卵于纵沟一侧。卵期9～13天。幼虫孵化后先向环状沟上方蛀食幼嫩的木质部，不久后沿木髓部向下蛀食，隔一定距离咬一圆形排粪孔，排出黄褐色颗粒粪便。到7～8月份被害枝条大部分已蛀空，成为筒状，上部叶片枯黄，枝端逐渐枯死。10月份幼虫逐渐老熟，在隧道端部越冬，越冬前在梢顶以丝木屑堵塞。

成虫产卵对枝条有一定的选择性，凡短于50毫米，粗于8毫米的枝梢，很少产卵。

十二、金龟子类

金龟子属鞘翅目，金龟子总科。

危害状

金龟子食性杂，不仅危害苹果，还可危害多种果树。成虫在果树开花期群集取食花蕾、花朵和嫩叶。取食花蕾时，先将花瓣咬成洞孔，然后食花丝和柱头，严重时可将花蕾、花朵和嫩叶食光。幼虫在地下危害幼根。

形态特征

果园内常见的金龟子共同特征是触角鳃叶状。

铜绿丽金龟子成虫体长18毫米，背面铜绿色，有光泽，前胸背板两侧边缘黄色。

小青花金龟子又名小青花潜。成虫体长18～24毫米，暗绿色，无光泽，前胸背板和鞘翅均为暗绿色或紫铜色，并密生黄绒毛，鞘翅上有黄白色斑纹。

东方金龟子又名黑绒鳃金龟。成虫体长约 8 毫米，黑褐色，密被短绒毛，有光泽，鞘翅上有纵行隆起线。

苹毛金龟子体长约 9 毫米，紫铜色或青铜色光泽，前胸背板密被大而连接的刻点，鞘翅茶褐色具绿色闪光。

四纹丽金龟子又名四斑金龟。成虫体长约 14 毫米，头和前胸背板金绿色，鞘翅中央大部分赤褐色，其余暗绿褐色，腹部两侧有白毛，末节露出鞘翅外，有斑点 2 个，由白毛组成。

白星花金龟又名白星花潜。成虫体长 18 ~ 24 毫米。黑紫铜色，有光泽，前胸背板及鞘翅上有白色斑纹。

发生规律

上述 6 种金龟子，小青花金龟子、东方金龟子和苹毛金龟子以成虫在土壤中越冬，其余 3 种以幼虫在土壤中越冬。以成虫越冬的 3 种金龟子，苹果开花期，成虫大量出土危害嫩芽、花及幼叶，另外 3 种金龟子以 6 ~ 7 月危害较重，不仅危害花、叶，还可啃食幼果。成虫具有假死性和不同程度的趋光性。幼虫生活在土壤中，称为蛴螬，除铜绿丽金龟幼虫可危害其他作物根外，其余几种金龟子幼虫仅取食腐殖质和幼根及杂草根部。

第三节　苹果园病虫害综合防治

一、防治苹果病害的原则和依据

保护生物多样性维持苹果园生态平衡；在病虫生物

学和生态学基础上，决定防治时机和防治手段（措施或方法）；第三，化学防治应以保护环境、保证果品安全为原则，按照“绿色食品标准”对病虫防治的规定，来实施化学防治。

二、苹果病虫防治的措施

（一）农业技术措施

在苹果生产过程中，不少农业措施对于控制病害，改变病虫生存条件，减少越冬病虫基数起着重要的作用。

1. 清除越冬病、虫源

大多数病虫害都有固定的越冬场所，在苹果枝条越冬的病害有：苹果白粉病、枝干腐烂病。虫害有各种蚜虫卵、许多卷叶的幼虫、潜皮蛾、苹果全爪螨。苹果落叶后，结合秋施基肥，清除苹果园中的枯枝、落叶，刮树皮，涂抹剪锯口，可以清除或减少山楂叶螨、潜皮蛾、苹果枝天牛、苹果卷叶蛾类、金纹细蛾、苹果树腐烂病和早期落叶病等。

2. 合理修剪

修剪是果树生产中的一项重要管理技术，也是防治病虫危害的有力措施。在苹果冬季修剪时，剪除病虫枝梢，清除病僵果，能减少来年病虫来源；同时冬剪还能调节营养生长和生殖生长的矛盾，从而影响病虫的发生；修剪还能使树体透光，减少消耗树体的营养，也能抑制病虫的危害。

3. 肥水管理

实践证明偏施氮肥有利于叶螨和蚜虫的发生，也会促进白粉病、轮纹病的危害加重；根据苹果生长发育的需要合理灌水，增施有机肥或无机复合肥，通过叶面喷施铁、钾、磷微肥，能增强苹果树对多种病害抵抗能力，并能抑制刺吸性害虫的发生和危害。

4. 深翻和间作绿肥

深翻可以杀伤越冬桃蛀果蛾幼虫，种绿肥不仅能增加土壤的有机肥，而且能提供许多天敌良好的取食、活动和繁殖场所，从而增强天敌对苹果树上的叶螨、蚜虫和蚧虫的控制作用。

（二）化学防治技术

1. 科学使用农药

依据各种病害病原菌生物学特性及病害发生规律和各种药剂的杀菌谱、作用特点，提出防治技术。

（1）苹果树休眠期防病技术

早春3月份，要彻底刮除腐烂病疤，剪除干腐病枝干，重刮粗树皮，并把所有病残体带出果园，烧毁或深埋；苹果树发芽前，全树喷施波美5度石硫合剂，一周后再用45%代森铵水剂100倍或843康复剂原液涂刷腐烂病疤，效果更好。

（2）苹果树生长期的防病技术

在苹果谢花后至6月上旬，先后喷施2次80%代森锰锌可湿性粉剂800倍药液等保护性杀菌剂，以控制春梢上的白粉病和褐斑病；此后，再交替施用1～2次25%多菌灵600倍液，或70%甲基托布津可湿粉剂800倍液或80%代森锰锌可湿粉剂800倍液等，以杀伤潜伏在幼果上的一些病害（如炭疽病、霉心病等），并对早期落叶病、白粉病等叶部病害有较强的控制作用。在降雨多的年份，6 月中旬至 8 月下旬末是各种病害流行及侵染盛期，均以喷施 1∶200 至 3∶200 倍波尔多液为主，以压低秋梢的早期落叶病。到 9 月份，停止使用波尔多液，以防治波尔多液对果实的污染，可防喷 80% 代森锰锌 800 倍液或 25% 多菌灵 600 倍液或 50% 退菌特可湿性粉剂或 70% 甲基托布津 800 ~ 1000 倍液；在特别干旱的年份，各种病害比较轻微，少施或不施波尔多液，可施 50% 异菌脲可湿性粉剂 1000 ~ 1500 倍液，或 80% 代森锰锌可湿性粉剂 600 ~ 800 倍液。

2. 主要害虫（螨）防治技术

（1）苹果全爪螨和山楂叶螨防治技术

在苹果树展叶至初花期施药防治上述两种叶螨。因为此时正值山楂叶越冬雌成螨出蛰盛期，但尚未产卵，且虫体暴露。同时，又是苹果全爪螨越冬孵化期，幼、若螨集中在幼嫩叶片上，能充分发挥药效。苹果谢花后 7 ~ 10 天，喷药防治山楂叶螨和苹果全爪螨第一代幼、若螨。在生长季节里加强两种叶螨数量变动调查。

苹果全爪螨调查方法是：每 7 ~ 10 天调查 1 次，每次调查 5 株树，每树分东、西、南、北、中 5 个方位，每个方位各取 4 片叶，共 100 片叶，统计其上活动螨数。7 月末以前，百叶活动螨数 400 ~ 500 头；8 月上旬以后，百叶活动螨数 700 ~ 800 头，是药剂防治指标，未达此指标，不需防治。

山楂叶螨调查方法是：7 月中旬以前每株树取内膛

和主枝中段各10片叶，五株100片叶；7月中旬以后取主枝中段和外围各10片叶，统计其活动螨数；7月中旬以前，百叶有活动螨400～500头，7月中旬以后，百叶有活动螨700～800头，是药剂防治指标，未达此指标不需防治。

主要药剂有：在发生山楂叶螨的苹果园，要提倡使用硫制剂。因为硫制剂不仅对山楂叶螨效果好，而且对苹果白粉病有兼治作用。常用的硫制剂有50%硫悬浮剂200～300倍液，石硫合剂波美0.2～0.3度液。如果硫制剂对苹果全爪螨防治不好，可用15%哒螨灵乳油2000倍液或25%三唑锡可湿性粉剂1500倍液，对山楂叶螨效果也很好。

（2）苹果蚜虫类（锈线菊蚜，苹果疣蚜）防治技术

防治适期：锈线菊蚜是5月中旬末，苹果瘤蚜应是4月下旬，这两个时期分别是两种蚜发生盛期。有效药剂有：20% 吡虫·三唑锡可湿性粉剂1500倍药液或2.5%吡虫啉2000倍液。每10天施药1次，连续喷2次，可基本控制全生育期危害。同时虫螨特可兼治苹果叶螨类。

桃蛀果蛾的防治技术

采取地面防治和树上防治相结合的原则。地面施药时，根据监测越冬幼虫出土的数量消长，掌握幼虫出土盛期，即幼虫出土数量突然增加的时候或者在性诱器捕到一头雄蛾时，即为第一次施药时间。根据各地试验资料证明，以50%辛硫磷乳油200倍药液地面喷洒效果最好。每亩用药1.5千克，施药后要浅锄、耙平，残效期

可达50天左右（桃蛀果蛾越冬幼虫出土从第一头到最后一头出土达60多天），所以完全可控制其越冬幼虫；加强树上防治，在6月下旬开始在金冠品种上调查卵果率，3～5天调查1次，调查5～10株，每树随机选100个果实，当卵果率达1%～1.5%，立即喷药防治。主要药剂有：25%灭幼脲悬浮剂500～1000倍液；14.4%哒螨·氯氰乳油1000～1500倍药液；48%毒死蜱乳油1500～2000倍液；30%马拉·氰戊乳油2000倍液等。

3. 开展生物防治

目前在苹果园中起作用的生物防治，有以下途径：首先是利用天敌的自然控制作用。根据调查，苹果园内害虫天敌种类很多，共200多种。起明显作用的有小黑花蝽、小黑隐翅甲、六点蓟马、草蛉类、捕食螨类以及青蜂和赤眼蜂等。深点食螨瓢虫成虫在果树翘皮下越冬，第二年春季苹果开花时出蛰活动，幼虫和成虫都可以取食苹果全爪螨和山楂叶螨的各个虫态，而且取食量很大；小黑花蝽可以捕食苹果树的各种蚜虫、叶螨以及蛾类害虫的卵粒和初孵幼虫；其次，苹果园内种绿肥、草和在苹果园的边角余地种植花期长的植物，招引寄生蜂、食蚜蝇和草蛉等到果园内繁殖和取食；第三，有条件的果园和有技术力量的地方，可以增加天敌种群数量，来控制单一性害虫；第四，保护苹果天敌种群数量，调整施药方法以加强施药的准确性，即加强目标害虫的监测，按化学防治指标施药，把树上施药改为处理土壤，进行挑治，把害虫的发生控制在点片阶段。

第三章
梨树病虫害

梨树病害约有 80 余种，其中发生普遍，危害严重的有梨黑星病、梨黑斑病、梨轮纹病、梨锈病及一些缺素症生理性病害。梨黑星病是梨树最主要的病害，在病害流行年份，如果防治不力，往往造成感病品种叶片提早脱落，大多数果实不能食用；梨黑斑病，局部地区受害严重，尤其日本梨系统品种发生普遍，对产量影响很大；梨轮纹病，常造成枝干枯死和果实腐烂，并引起贮藏期烂果；由于大量种植桧柏，导致梨锈病的发生；还有一些缺素症生理性病害也常常影响梨产量和品质。

梨树害虫大约近 700 种，危害严重的有 10 余种。梨树害虫种类和苹果害虫种类有些食性相同，也就是说为害梨树的害虫大多数也为害苹果，如梨小食心虫、梨云翅斑螟（梨大食心虫）偶尔危害苹果。所以为了避免重复，一些害虫已放在第二章中讲了。

第一节　梨树病害

一、梨黑星病

症状

梨黑星病又称疮痂病，能侵染梨树所有绿色幼嫩组织，主要为害叶片和果实，也可为害新梢、芽鳞、花序。其症状特点在病部位产生黑色霉状物。

叶片受害，多数先在叶背面的主脉和支脉之间出现黑绿至黑色霉状物，不久在霉状物对应的正面出现淡黄色病斑，严重时叶片枯黄，易引起叶片早落。

果实受害，从幼果期至梨果成熟期都可受害。病斑圆形、淡黄色，上生黑霉，病斑扩展到一定时期，病部凹陷龟裂。病斑多时，果实发育受阻，果小并呈畸形，在成熟前易脱落。成熟果实受害，果面出现大小不等的圆形或近圆形黑色病斑，表面干梗、粗糙，霉层很少，果实不畸形。

梨芽被害，鳞片茸毛较多，后期表面产生霉层，严重时芽鳞开裂，甚至枯死。第二年春季，病芽长出的新梢基部出现淡黄色不规则形病斑，不久表面很快布满黑色霉层，称之为霉梢或霉梢芽。后期病部渐凹陷，开裂，变成溃病斑。

生长期新梢受害，多在徒长枝或秋梢幼嫩组织上形成病斑。病斑椭圆形或近圆形，淡黄色，表面有黑色霉层，以后病部凹陷，龟裂，成疮痂状。

病原及发生规律

梨黑星病菌是子囊菌亚门黑星病属的一种真菌。病菌的分生孢子和菌丝在芽鳞、病叶、病果和病枝上越冬。第二年温度适宜时，残存的越冬分生孢子和病部形成的分生孢子，借风雨传播。在秋雨较多、冬季温暖潮湿地区，越冬病叶上可形成子囊壳，春季子囊壳成熟，遇雨水后放出子囊孢子，进行侵染。不同地区病菌越冬部位不同，四川等地区主要以落叶上未成熟的子囊壳越冬，第二年春季产生子囊孢子，进行侵染。

梨黑星病在四川地区，3 月下旬至 5 月开始发病，6 ~7 月为发病盛期，8 月中旬以后病势开始下降。

梨树不同品种中受黑星病危害程度表现不同。我国栽培的西洋系梨基本不感染黑星病，而中国系梨和日本系梨中许多品种发病很重。

各地观察证明，降雨，特别是连续几天的阴雨，是梨黑星病菌侵入的必要条件。梨树栽植过密或枝叶过多，造成局部空气湿度过大，也会加重病情。

二、梨黑斑病

症状

主要为害叶、新梢和果实。幼叶最早发病，开始产生褐色至黑褐色的圆形斑点，边缘明显，后期斑点逐渐扩大成近圆形或不规则形，中心灰白至灰褐色，边缘黑褐色，有时有轮纹。病斑多时相互合并成不规则形的大病斑，使叶片焦枯、畸形，引起早期落叶。天气潮湿时，病斑表面遍生黑霉，即病菌的分生孢子梗和分生孢子。新梢受害时，病斑初期椭圆形，暗褐色凹陷，后扩大为长椭圆形、淡褐色、明显凹陷的病斑，病健交界处常产生裂缝，病梢易折断或枯死。幼果受害时，初在果面上产生1个至数个黑色的圆形斑点，逐渐扩大成圆形或近圆形病斑，呈浅褐色至灰褐色，略凹陷。后期果实畸形、龟裂，裂缝可深达果心，果面和裂缝内产生黑霉，并常引起落果。果实成熟期感病的，初为圆形黑色斑点，后扩大成圆形或近圆形大斑，黑褐色，梢凹陷，后期生黑绿色霉，果肉软腐。

病原及发生规律

梨黑斑病病原菌是半知菌亚门中链格孢属的一种真菌。病菌分生孢子及菌丝体在病叶、病梢和病果上越冬，第二年春天，在越冬的病组织上产生新的分生孢子，通过风雨传播。孢子萌发后可通过气孔、皮孔侵入，也可直接穿透寄主表皮侵入，引起初次侵染。以后新老病斑上又不断产生新的分生孢子而发生再侵染。

一般年份在4月下旬至5月初，叶片开始出现病斑，5月中旬增加，6月份多雨期病斑加剧增加。果实于5月上中旬出现少量病斑，6月上旬病斑较大，6月中下旬果实龟裂并开始脱落，7月下旬至8月上旬病果脱落较多。

温度和降雨量与病害的发生和发展关系极为密切。一般气温在24℃～28℃，同时连绵阴雨，有利于梨黑斑病的发生和蔓延，气温在30℃以上和20℃以下，则病害停止蔓延。树势弱，施肥不足，易使病害发生；结果过多，也易使病害发生。反之，则发病较轻。

三、梨轮纹病

症状

梨轮纹病主要为害枝干树皮和果实，又叫粗皮病、瘤皮病。枝干树皮发病，多以皮孔为中心形成暗褐色、水渍状小病斑，以后逐渐扩大成近圆形或扁圆形褐色瘤状突起，病疣较坚硬，表面黑褐色。第二年病疣周围一圈树皮变为暗褐色，浅层坏死，多烂到木质部 。病斑上产生许多小黑点，病健交界处隆起，出现裂缝，有些病斑翘起，剥离，表面粗糙，故称粗皮病或疣皮病。果实受害，多在近成熟期受害，初期以皮孔为中心形成水渍状、近圆形的褐色小斑，后扩大成为具有同心轮纹状的红褐色病斑。病部果面褐色、软腐，并流出茶褐色黏液，发生酸臭味，最后干缩成僵果，表面密生小黑点。叶片发病，病斑圆形，微具同心轮纹，后逐渐变成灰白色，并长出黑色小点。

病原及发生规律

梨轮纹病有性阶段属子囊菌亚门的一种真菌——梨生囊孢壳菌，无性阶段属半知菌亚门的一种真菌——轮纹大茎点菌。病菌的分生孢子器、菌丝体和子囊壳在病部越冬。第二年梨树发芽时，病组织中越冬后的菌丝体继续扩展侵害梨树枝干，到 4 月中下旬开始散发少量分生孢子，5 ~ 6 月份生孢子散发较多，经雨水下溅或流淌而传播到其他部位。孢子萌发后经皮孔侵入枝干，再经 15 ~ 20 天形成新病斑，侵入的病菌具有一定潜伏特点，落花后至 8 月中旬左右，病菌侵入果实危害，其间每当降雨后就有一些果实被害。在栽培品种中日本系梨的品种果实发病重，西洋系梨的许多品种和杂交后代发病重。

四、梨褐斑病

症状

梨褐斑病又称斑枯病、白星病，梨褐斑病仅危害叶片。其斑点初期为圆形或椭圆形、褐色，边缘明显；后期病斑中心灰白色，密生黑色小粒点，边缘褐色，最外层黑色。病斑中部可发展成为灰白色，故又称白星病。有的病斑可脱落而穿孔，多数病斑合并时，可形成不规则形褐色斑。

病原及发生规律

梨褐斑病菌有性阶段属子囊菌亚门的一种真菌——梨球腔菌，无性阶段属半知菌亚门的一种真菌——梨生壳针孢菌。病菌分生孢子器和子囊壳在落叶上越冬。第二年春季病叶（落叶）被雨水湿润后产生大量的分子孢子，随风雨传播，从叶正面和背面都可以侵入。褐斑病菌侵入叶片后有一定潜育期，其长短主要受气温的影响，最短3天，最长31天，一般6~12天。在梨树生长期，病斑上成熟的分生孢子，随风雨可再次侵入叶片。在整个生长季节中，病害能多次侵染，陆续引起叶片发病，5~7月份多雨、潮湿，发病重。树势、排水不良的果园发病重。发病严重时，5月下旬开始落叶，7月中下旬落叶最严重。

五、梨 锈 病

症状

梨锈病又名赤星病，土名“红隆”“羊胡子”等。梨锈病主要为害叶片和新梢，严重时也能为害幼果。叶片受害，开始在叶正面产生橙黄色、有光泽小斑点，数目由一两个到数十个不等，以后扩大为近圆形病斑，病斑中部橙黄色，边缘淡黄色，最外层有一圈黄绿色晕。病斑表面密生橙黄色针头大的小粒点，即病菌的性孢子器。天气潮湿时，其上溢出淡黄色黏液。黏液干燥后，小黑点变为黑色。病斑组织逐渐变肥厚，叶片背面隆起，正面稍凹陷。并在隆起部位长出黄色毛状物，此为锈孢子器。锈孢子器成熟后，先端破裂，散发出黄褐色粉末，即锈孢子。

幼果、新梢受害症状与叶片受害症状相似。

病原及发生规律

梨锈病菌属担子菌亚门的一种真菌——梨胶锈菌。其多年生菌丝体在桧柏病组织中越冬。梨锈病菌能产生冬孢子、担孢子、性孢子和锈孢器类型孢子，但不产生夏孢子，因此不能进行再侵染。越冬后第二年 3 月间开始显露冬孢子角。春雨时冬孢子角吸水膨胀，成为舌头胶质块。冬孢子萌发后产生有隔膜的担子，并在其上形成担孢子。担孢子随风飞散，在梨树发芽，嫩叶、花、幼果形成这段期间，担孢子散落在嫩叶、新梢、幼果上，在适宜条件下萌发，产生侵染丝，直接侵入表皮组织内。经 6～10 天，叶正面出现橙黄色病斑，其上长出性子器，并产生性孢子。在背面形成锈孢器，并产生锈孢子，锈孢子不能直接为害梨树，而为害转主寄主桧柏，并在其上越夏和越冬，到第二年春天再度形成冬孢子角。冬孢子角上的冬孢子萌发产生担孢子，它不直接为害桧柏，而为害梨树。

梨锈病的发生轻重与桧柏的多少、距离远近有关系，尤其离梨树栽培区 1.5 ~ 3.5 千米范围内有桧柏影响最大。在有桧柏存在的条件下，病害流行受气象因素的影响，病菌只侵害幼嫩的组织。当梨芽萌发、幼叶初展时，如正值天气多雨，温度适宜，冬孢子萌发，就会有大量担孢子飞散。阴雨连绵或时晴时雨，发病严重。冬孢子萌发盛期一般在 4 月中旬，常与梨花盛期相一致。冬孢子成熟程度与气温变化关系密切，一般 3 月上中旬气温高，冬孢子成熟早。冬孢子膨胀发芽需要有雨水，如冬孢子堆成熟后，梨树还没有发芽，此时若雨水多，则梨树感病机会少。所以，2 ~ 3 月份的气温和 3 月下旬至 4 月下旬的雨水，是影响当年梨锈病发生的重要因素。梨树不同品种对锈病的抗病力也有一定差异，一般中国梨最易感病，日本梨次之，西洋梨较抗病。

六、梨炭疽病

症状

梨炭疽病也称苦腐病，主要为害果实，也能为害枝条。果实多在生长中后期发病，发病初期，果面出现淡褐色水渍状的小圆斑，以后病斑扩大，色泽加深，并且软腐下陷。病斑表面颜色深浅交替，具明显的同心轮纹，在病斑表皮下形成无数小黑点，略隆起，初褐色，后变黑色。随着病斑的扩大，病部烂入果肉直至果心，使果实变褐，有苦味。发病严重时，果实大部分或整个腐烂，引起果实脱落或在枝条上干缩成僵果。

梨炭疽病也能为害枝条，营腐生生活，多为害因枯枝或病虫为害的枝条、生长衰弱枝条，为害部的皮层与木质部逐渐枯死呈深褐色。

病原及发生规律

梨炭疽病属子囊菌亚门的一种真菌——围小丛壳菌。病菌菌丝在僵果或病枝上越冬。第二年春季温度、湿度适宜时，产生大量的分生孢子，借风雨或昆虫传播，引起初次侵染。梨炭疽病多以越冬病菌为中心出现病果，然后向下呈伞形状扩展蔓延，有分片集中现象。以后发病的果实，都可以形成新的侵染中心，一年反复多次侵染，有时直到采收。

病害的发生和流行与雨水有密切的关系，4 ~5 月多阴雨年份侵染早，6 ~7 月阴雨连绵发病重。地势低洼，土壤黏重，排水不良的果园发病重；树势衰弱、日灼严重、病虫防治不及时和通风透光不良的果园发病重。

七、梨树缺素症

1. 缺铁症

多从新梢顶嫩叶开始发病，初期先是叶肉失绿变黄，叶脉两侧仍保持绿色，叶片呈绿网纹状，较正常叶片小。随着病情加重，黄化程度愈加发展，致使全叶呈黄白色，叶片边缘开始产生褐色焦枯斑，严重时叶焦枯脱落，顶芽枯死。铁对梨叶叶绿素的形成起催化作用，同时又是构成呼吸酶的重要成分，对呼吸起着重要作用。由于在盐碱性重的土壤中，大量可溶性二价铁被转化为不溶性三价铁盐而沉淀，因此不能被利用。春季干旱地表水分蒸发，表层土壤中含盐量增加，此时正值梨树旺盛生长期，需铁量较多，铁元素吸收不足，造成叶黄化现象严重。另外，地势低洼，排水不良，地下水位高，土壤黏重及经常灌水，也容易引起梨树缺铁而叶片黄化。

2. 缺锌症

梨树缺锌可导致小叶病，表现为春季发芽晚，叶片狭小，呈淡绿色。病枝节间短，其上着生许多细小簇生叶片。病树花芽减少，花小、色淡，坐果率低，明显影响梨产量和质量。锌是合成生长素的必需元素，缺锌时游离的和结合的生长素明显减少，致使生长停滞。当叶片中含锌量低于 10～15 毫克/千克时，即表现缺锌状。当土壤中呈碱性或含磷量较高，并大量施用氮肥或土壤中有机质、水少，容易引起缺锌。

3. 缺硼症

表现为春季 2～3 年生枝的阴面出现疮痂状突起，皮孔木栓化组织向外突起，用刀削除表皮可见零星褐色的小斑点。严重时芽鳞松散，呈半开状态，叶小，不舒展，坐果率极低，新梢上的叶片有红叶出现。发病严重时，花芽从萌发到开绽期陆续干缩枯死。果实小，畸形，有裂果现象，不堪食用，轻者果心维管束变褐，木栓化，重者果实呈海绵状。土壤瘠薄的山地、河滩果园、土壤石灰质过多，硼易被钙固定，或钾、氮过多，均易发生缺硼症。

除梨树外，苹果、桃树等落叶果树都有缺素症，其症状表现基本相似。

第二节　梨树虫害

一、梨小食心虫

梨小食心虫属鳞翅目，小卷叶蛾科。

危害状

梨小食心虫的幼虫蛀食新梢和果实。被害梨果的梗洼、萼洼和果与果，果与叶相贴处有小蛀孔，孔周围微凹陷，不变绿色。最初幼虫在果实浅处危害，孔外排出较细虫粪，周围易变黑。果内虫道直向果心，果肉、种子被害处留有虫粪。果面有较大脱果孔。虫果易腐烂脱落。

形态特征

成虫　体长 4.6～6.0 毫米，翅展 10.6～15.0 毫米；全体灰褐色，无光泽；头部具有灰褐色鳞片；前翅混杂有白色鳞片，中部外缘附近有 1 个白斑点；后翅暗褐色，基部较淡，缘毛黄褐色。

卵　淡黄白色，半透明，扁椭圆形，中央隆起，近孵化时呈黑褐色。

幼虫　体长 10～13 毫米，初孵幼虫白色，后变成淡黄色或粉红色。头部黄褐色，两侧有深色云雾状斑纹。前胸背板淡黄色。臀栉深褐色，具有4~7齿。

蛹　长6.8~7.4毫米，黄褐色，第3~7腹节背面有两行刺突，第8~10节各有一较大的刺实。臀刺8根。

发生规律

梨小食心虫的老熟幼虫在枝、干、根颈部粗裂皮缝里、树下落叶、土里结茧越冬。第二年春，日平均温度10℃以上开始化蛹，羽化为成虫。在四川盆地中部，各代成虫高峰期是：越冬代于3月底，第一代于5月中旬，第二代于6月中、下旬，第三代于7月底至8月初，第四代于8月底至9月初。在四川中部第五代成虫高峰期不明显，到11月上旬成虫终见。梨小食心虫在梨、苹、桃混栽区，一般第一、二代危害新梢（桃、苹、梨）。自第三代开始危害梨（苹、桃）果，至9月中旬幼虫开始脱果，进入越冬场所结茧越冬。

梨小食心虫成虫傍晚活动，喜食糖、醋液和烂果液，夜间产卵，成虫在桃树上产卵，主要产于桃梢自上而下第三片至第七片叶背面，在梨、苹树上也主要产在叶片、果实、萼洼、梗洼等部。卵散产，一只雌虫可产卵70粒。初孵幼虫从桃（苹、梨）树梢顶部2~3叶片的基部蛀入梢中，被害梢先端凋萎。被害桃梢蛀孔往外流出胶汁，梨、苹被害后，一般不流胶，被害梢干枯下垂。被害新梢则萎蔫有虫，已枯死的梢里无虫。幼虫危害梨果，大多在梗洼、萼洼和两果相贴处蛀入，初在浅处危害，再深入果心。幼虫老熟后咬一虫道直通果外，果面虫孔较大，叫脱果孔。幼虫自脱果孔爬出。梨小食心虫寄主比较复杂。有转移危害的习性。梨与苹果、桃、李等混栽或相邻栽，前期1代和2代主要危害桃、李，以后各代危害梨，梨果受害较重。单一栽培梨的，前期梨小食心虫发生少，危害也不重，往往在后期特别是接近成熟期，虫量多，危害加重。

梨小食心虫在雨水多、湿度大的季节或年份，易于繁殖，发生量大，为害也重。相反，干旱季节或年份则发生量小，为害也轻。

梨小食心虫的卵和幼虫寄生蜂种类多，数量也较大，如果合理科学用药，对梨小食心虫能起到很好的控制作用。

二、梨大食心虫

梨大食心虫又名梨云翅斑螟、梨突虫，属鳞翅目，螟蛾科。

危害状

梨大食心虫的幼虫侵害梨的花芽、花序和幼果。越冬代幼虫多为害芽，被害芽枯死，蛀孔处有细小虫粪，并由丝缀连成团，开花期危害叶丛，被害叶丛凋萎枯死。当梨果长到拇指大时，则危害果实，蛀孔较大，蛀孔处有虫粪堆积。一只幼虫可危害1~4个幼果。被害果皱缩。当幼虫老熟时从果肉爬出来到果柄上吐丝，把果柄与果台枝牢牢地缠在一起，而后又回到果内结茧化蛹。被害果变黑干枯悬挂在枝上，至冬不落。

形态特征

成虫　体长10~15毫米，翅展21~27毫米。全体深灰褐色，有紫色光泽。前翅灰褐色，距翅基 2/5 和 4/5处各有一条白色弯曲横线，翅外缘有一列小黑点，缘毛暗褐色。后翅灰色，缘毛明显。

卵　椭圆形，稍扁平，初产时淡黄色或淡灰色，后变赤色，接近孵化时紫褐色，卵壳上有小点刻闪光。

幼虫　越冬幼虫胴部紫褐色。老熟幼虫粗壮、暗褐色，体长 17 ~ 20 毫米。

蛹　长 10 ~ 12 毫米，初化蛹翠绿色，后变黄褐色。

发生规律

梨大食心虫在四川一年发生 3 代，幼龄幼虫在梨芽内结白色薄茧越冬。在汉源等地，越冬幼虫于 3 月开始出蛰活动。此时正值梨树花芽萌动期，梨树芽开始露白时，越冬幼虫出蛰达盛期。越冬虫约半数为害梨芽，并有转芽危害的习性，另半数（后期出蛰的）的越冬幼虫可直接危害幼果，2 ~ 3 代幼虫以危害梨果为主，到 8 ~ 9 月，初孵幼虫在梨芽上作短期危害后，即在芽内越冬。

梨大食心虫白天不活动，黄昏时开始活动，交尾和产卵。每头雌虫可产卵 40 ~ 80 粒，最多可达 213 粒。卵多产在短果枝上或果实萼洼处。梨大食心虫的发生和为害轻重同当年的湿度、雨水有关。湿度大，有利于其发生，相反则发生较轻。梨大食心虫幼虫的寄生蜂较多，对梨大食心虫的发生和为害有一定的控制作用。

三、梨叶斑蛾

梨叶斑蛾又称梨星毛虫，俗称饺子虫。属鳞翅目，斑蛾科。

危害状

幼虫危害芽、花蕾、嫩叶，严重时一个开放的花芽内有幼虫1～20头。在这种情况下，花芽先被吃空、变黑、枯死。展叶后，幼虫转移至叶片上吐丝把叶缘两边联接起来成饺子状，潜藏其中蚕食叶肉，仅留一层表皮和叶脉。

形态特征

成虫　全体灰黑至黑褐色，无光泽。触角黑色，雄虫触角双栉齿状，雌虫触角单栉齿状。前翅灰黑色，半透明，翅脉明显，翅面有短鳞毛。

卵　扁椭圆形。初产时白色，后变淡黄色，孵化前为暗褐色，卵成块，每块有数粒至百余粒卵。

幼虫　老熟幼虫体长15～18毫米，初孵幼虫淡紫色，后变白色。头小，常缩于前胸内。中、后胸和腹部第1～8节侧面各有圆形黑斑1个。背面各节有一列横毛丛6簇。

蛹　略呈纺锤形，黑褐色。腹节背面第3节至第8节有列褐色小刺，腹末钝圆并有数根细毛。

茧　白色。有内外两层，外层粗糙。

发生规律

梨叶斑螟一年发生1代，2、3龄幼虫在树干的裂缝和粗树皮间结茧越冬。第二年梨树发芽时，越冬幼虫出蛰上芽为害，出蛰期为8～20天。越冬幼虫出蛰后先危害芽、花蕾和嫩叶。梨树展叶后，幼虫转移危害叶片，吐丝将叶片缀合成饺子状，幼虫潜伏苞中食害叶肉。一头幼虫能危害7～8叶片。老熟时在苞叶内结茧化蛹。

蛹期约10天左右，于6月上旬成虫羽化。成虫白天多产卵于叶背面，成不规则卵块，尤以老叶苞附近的叶上层多。初孵幼虫先群集在卵块附近的叶片为害，将叶片食成很小的圆斑点。大约为害10天，就转移至越冬场所越冬。

四、中国梨木虱

中国梨木虱属同翅目，木虱科。

危害状

春季成虫、幼虫多集中于新梢、叶柄危害，夏秋季多集中在叶片吸食。受害叶片叶脉扭曲、叶面皱缩，产生枯斑，并逐渐变黑，提早脱落。且若虫分泌大量黏液，常使叶片黏在一起或黏在果实上，诱发煤污病，污染叶片和果面，果实发育不良，被害枝条生长停滞，不充实。

形态特征

成虫　分冬型和夏型两种。冬型成虫体长2.8~3.2毫米，灰褐色，前翅后缘有明显褐斑；夏型成虫体型较小，长2.3~2.9毫米，黄绿色，翅上无斑纹。成虫胸背均有4条红黄色或黄色纵条纹。静止时，翅呈屋脊状叠于体上。

卵　卵圆形，初产时淡黄白色，后黄色，一端钝圆，其下有一刺状突起，固定于植物组织上。另一端小细，延长成一根丝。

若虫　初孵若虫扁椭圆形，淡黄色，3龄以后呈扁圆形，绿褐色，翅芽长圆形，突出于身体两侧。

发生规律

中国梨木虱在每年发生3~4代，世代重叠。冬型成虫在树皮缝、落叶、杂草及土缝中越冬。越冬代成虫于梨树花芽萌动时开始活动。成虫出蛰后，在一年生枝条取食，并交尾产卵。第一代卵始见于3月中旬，盛期是4月中旬，末期为5月上旬。各代成虫发生期大致为：第一代出现在5月上旬；第二代在6月上旬；第三代在7月上旬；第四代即发生冬型成虫，寻找越冬场所越冬。

越冬代成虫产卵于一年生枝梢、果台、短果枝叶痕及芽腋间，以短果枝叶痕处较多，卵排列成断续的黄色线状。以后各代卵各产于叶面沿叶脉的凹陷沟内，也有产于叶缘锯齿内或叶背面，每头雌成虫平均产卵200余粒；成虫活泼善跳，若虫有群集性，喜阴暗，多栖息在卷叶或重叠叶的缝隙内。

中国梨木虱的发生与气候关系很大，一般干旱年份或干旱季节发生较重。中国梨木虱发生与梨树物候期相关性很强。越冬代成虫产卵期总是在梨树盛花前10天，第一代若虫集中危害期在梨树落花终期，第1代成虫的盛期在梨树花后20天左右。中国梨木虱的天敌很多，有花蝽、瓢虫、草蛉、蓟马和寄生蜂等，对中国梨木虱的发生起到一定的控制作用。

五、梨二叉蚜

梨二叉蚜属同翅目，蚜科。

危害状

春季成虫和若虫刺吸梨树新梢、叶片，被害叶向上纵卷呈筒状，皱缩，硬脆。

形态特征

无翅胎生雌蚜　体背骨化，无斑纹，有菱形网纹，背毛尖锐，长短不齐。第八腹节有毛1对。腹管长圆筒状，尾片短圆锥形，有长曲毛5~8根。

有翅胎生雌蚜　头部、胸部黑色，腹部黄褐色或绿色。前翅中脉分二对，故称二叉蚜，额瘤微突。腹管、尾片同无翅胎生雌蚜。

若虫　体小，绿色，无翅，形态与无翅胎生雌蚜相似。

卵　黑色，椭圆形，有光泽。

发生规律

梨二叉蚜一年发生约20代。其受精卵在树皮缝隙及芽腋间越冬。早春梨树花芽膨大开绽时，越冬卵孵化。孵化后的若蚜群集于芽上绿色部分。芽开放后即钻入芽内及花蕾中危害，展叶后转移至叶片上危害。一般在叶脉处取食。4月上、中旬梢端嫩叶受害最重。中、下旬蚜量迅速增加，充塞卷叶内，此时有翅蚜开始发生，逐渐迁往夏季寄主。夏季寄主为狗尾草，并在其上迅速繁殖危害狗尾草，到了秋季又从狗尾草上迁回梨树，并繁殖数代。到11月份，由性母产生性蚜，雌雄交尾产卵越冬。

梨二叉蚜天敌很多，对其有一定抑制作用。

六、梨黄粉蚜

梨黄粉蚜属同翅目，根瘤蚜科。

危害状

该虫喜群集果实萼洼危害，似堆积黄粉。果实表面被害初期为黄色，有稍凹陷的小斑，以后逐渐变成黑色，黑斑逐渐向周围扩大，表皮硬化，故称膏药顶。可造成果实内部变质、腐烂，在风雨中大批脱落。

形态特征

梨黄粉蚜为多型性蚜虫，包括干母、普通型、性母和有性型四类。

成虫　干母、普通型及性母的成虫均为雌性，形态相似。体呈倒卵圆形，鲜黄色，触角3节，足短小，无翅，无腹管。有性型雌雄二体，长椭圆形，鲜黄色，口器退化。

卵　椭圆形，表面光滑，淡黄色。

若虫　淡黄色，形似成虫，仅虫体较小。

发生规律

梨黄粉蚜一年发生6~8代，其卵在果台、树皮裂缝和潜皮蛾危害的翘皮下或枝干的残物内越冬。来年梨树开花时，越冬卵孵化为干母，先在梨树翘皮内刺吸汁液，羽化为成虫后产卵繁殖后代，直到6月中旬。以后，由于食料丰富，温湿度适宜，虫口猛增，蚜虫陆续向果实上转移。7月上旬多集中在果实萼洼处为害，以后逐渐转移至果面为害。此时远观果面上似有堆堆黄粉，周围有黄褐色晕环，即是成虫和其产下的卵堆以及初孵化的小若虫。擦去虫堆，果实上留有稍凹陷的小斑。果实近成熟时受害严重。8 ~9 月间出现性母，产卵后发育为雌雄两性成虫，交尾后产卵越冬。

梨黄粉蚜的干母、普通型成虫及性母均具群居性，不甚活泼，常常数头固定在一处取食繁殖。有性成虫无口器，不取食，比较活泼。成虫寿命除有性蚜最短外，平均为 23 ~41 天，干母尤长，达百天以上。成虫喜欢在背阴处栖息取食，若虫有背光性，因此荫蔽处比向阳处虫量多，茂密处果实受害也严重。

梨黄粉蚜在果园中的发生数量与 5、6、7 月份的降雨有关，干燥、少雨发生数量大，危害重；反之，发生数量少，危害亦轻。

梨黄粉蚜在果园中迁移、扩散，主要靠爬行，不能借风力传播。苗木、枝条、穗条是梨黄粉蚜远距离传播的途径。

梨黄粉蚜有多种天敌，还有寄生菌，对梨黄粉蚜有一定的控制作用。

七、梨大蚜

梨大蚜属同翅目，蚜科。

危害状

成虫、若虫群集于梨树枝干危害，被害处湿润黑色。虫口密度大时，枝干虫体似灰褐色蜡棒，排泄的蜜露落于枝干、叶片或地面杂草上，呈一层发亮的油层。梨树受害后轻者树势减弱，严重时造成枯枝，甚至整株死亡。

形态特征

无翅胎生雌蚜　活体树皮色，表面光滑，腹背面微呈瓦纹。体背密生软毛，腹部第 8 节有毛 100 根左右。触角短小，6 节，淡褐色，着生许多刚毛；腹管短，呈扁平的圆锥体，黑色，具刚毛；尾片黑色，圆形，着生许多刚毛。

有翅胎生雌蚜　头、胸黑色，腹部稍骨化。触角第三节有感觉圈 12 ~ 17 个，第四节有 1 ~ 4 个。前翅透明，翅痣长大。

卵　长椭圆形，黄褐色至黑褐色，有光泽。

若虫　卵圆形，形态与无翅胎生雌蚜相似。

发生规律

梨大蚜为全周期蚜，一年发生 6 代，卵在枝条上越冬。来年 2 月中旬梨树芽开始萌动时，越冬卵开始孵化为干母若蚜。若虫经过 4 次蜕皮后，于 3 月下旬羽化为干母成虫，并以孤雌生殖方式繁殖干雌若蚜，干雌若蚜于 4 月下旬至 5 月上旬，当旬平均气温在 19 ~ 20℃ 时，全部羽化为有翅干雌成蚜，5 月下旬迁至高山夏季寄主上繁殖 3 ~ 4 代，到 9 月下旬至 10 月上、中旬，由有翅性母蚜迁回梨树上危害。以胎生方式繁殖。到 11 月中、下旬羽化为有翅雄蚜和无翅雌蚜，经交配产卵越冬。一头干母雌蚜一生产仔 12 ~ 57 头，一头雌成蚜一生可产卵 3 ~ 15 粒，雄成虫寿命 10 ~ 15 天，雌成虫寿命 5 ~ 17 天。梨大蚜天敌很多，对其危害有一定的控制作用。

八、梨枝圆盾蚧

梨枝圆盾蚧属同翅目，蚧科。它是国内的重点检疫对象。

危害状

梨枝圆盾蚧以若虫、成虫固定在枝干和果实上危害。在虫体固定部位，造成典型的围绕介壳的红色小圆圈斑点。枝干受害后，呈红色圆斑，引起皮层木栓化和皮部、导管组织衰亡，皮层爆裂，抑制生长。严重时常引起早期落叶，枝梢干枯或整株死亡；果实受害多集中在果实的萼洼和梗洼处，受害部围绕介壳形成紫红色圆圈，果小，青梗，甚至龟裂，失去食用价值。

形态特征

成虫　雌成虫体扁圆形，黄色。虫体的腹面有丝状口器，背覆灰色圆形介壳，表面有轮纹，中央隆起，称为壳点，黄色或黄褐色；雄成虫头、胸部橘红色，触角11节，念珠状。口器退化。前翅乳白色，半透明，后翅退化为平衡棒。腹部橙黄色，介壳长椭圆形，灰白色，壳点偏向一端。

若虫　初龄若虫扁椭圆形，淡黄色。足3对，发达，尾端有2根长毛。3龄以后可区别雌雄。雌虫脱皮3次，介壳圆形，雄虫脱皮2次，介壳长椭圆形。

蛹　仅雄虫化蛹于介壳下，圆锥形，淡黄略带紫色。

发生规律

梨枝圆盾蚧在四川一年发生2~3代，二龄若虫附着在枝条上越冬。来年3月梨树开始萌动时即开始陆续危害。5月下旬至6月上旬越冬代雄虫羽化后与雌虫交尾后死亡，雌成虫于6月下旬开始产仔，7月上旬达产仔盛期，7月中旬产仔完毕。第一代雌虫羽化期为7月下旬至8月中旬，此代雌虫数量较大；第一代雌虫于8月底开始产仔，9月上旬为盛期，产下的若虫发育至2龄后进入越冬。

由于雌成虫产仔时有差异，田间不断产仔，造成世代重叠和田间各虫态并存，给防治带来一定困难。一般一头雌成虫可产70~100头若虫。梨枝圆盾蚧的传播方式，主要是随苗木、果实进行远距离传播。根据调查梨枝圆盾蚧有50多种天敌，只要保护好天敌，一般不会对梨树产量造成大的损失。

九、梨冠网蝽

梨冠网蝽属半翅目，网蝽科。又称军配虫。

危害状

梨冠网蝽的成虫及若虫群集叶背刺吸汁液，使叶片正面形成苍白色小斑点。叶背面有深褐色排泄物，容易引起早期落叶。

形态特征

成虫　体长3~3.5毫米。头部红褐色，触角4节，浅黄色。前胸发达，向后延伸至小盾片，两侧向外突出呈翼状。前胸背板与前翅均有网状花纹，静止时两前翅中间结合成“X”字纹。后翅膜质，半透明，白色。腹部金黄色，上有黑色斑纹。

卵　淡黄色，透明，椭圆形，一端弯曲。卵产于叶肉组织，从叶背面看，只能见到黑色的小斑点（即卵的开口处）。

若虫　初孵若虫白色，透明。经几小时后变为淡绿色。三龄时出现翘芽。腹部两侧有 8 对刺突，四龄若虫活泼，五龄若虫翅芽为身体的 1/3，体宽阔扁平。

发生规律

梨冠网蝽一年发生 3～4 代，成虫潜伏于落叶、树干翘皮裂缝、杂草及土块缝隙处越冬。来年 4 月上旬越冬成虫出蛰，4 月下旬至 5 月上旬出蛰最多。4 月下旬成虫开始产卵。卵历期达 1 个月左右。5 月下旬孵化为若虫，孵化后的若虫不活泼，一直在叶背取食。若虫期约半月，脱皮 3 次后羽化为成虫。成虫羽化盛期于 6 月中旬。成虫寿命一般在 1 个月以上，因为产卵期也很长，这就造成世代重叠。

每一头雌成虫产卵 15～60 粒，卵都集中产在叶背的叶脉两侧及叶片组织内，每处产卵一粒至数十粒。产卵处盖有暗褐色无光泽的分泌物。成虫怕阳光直射，白天多在叶背，一般向阴处多于向阳处，早晨及傍晚有少数成虫在叶面活动。成虫有假死性。

十、梨象甲

梨象甲属鞘翅目，象甲科。又名朝鲜梨虎，梨实象甲，梨果象鼻虫，俗称“梨狗子”。

危害状

成虫咬食嫩芽、啃食果皮，使果面呈不规则的斑点，果实膨大后呈“麻脸果”；幼虫蛀果，使果实皱缩；成虫产卵时咬伤果柄，故果实易脱落。

形态特征

成虫　体长 12 ~ 14 毫米，暗铜色，有金绿闪光。头管较长，头部与鞘长度相等。雌虫头管较直，雄虫头管向下弯曲。雄虫触角着生在头管端部 1/3 处，雌虫触角着生在头管中部。触角 11 节。端部 3 节宽扁。前胸略呈球形，密布刻点和短毛，背板中部有 3 条凹纹，成“小”字形，鞘翅上刻点粗糙。

卵　椭圆形，初产卵乳白，后变成淡绿色。

幼虫　体长 12 毫米左右，乳白色，体长多皱纹，略向腹面转曲。头部比较小，大部分缩入前胸内。胸足退化，属有头无足型。

蛹　裸蛹，长约 9 毫米，初化的蛹为白色，以后变成暗褐色，体表被有细毛。

发生规律

梨象甲一年发生 1 代，成虫潜伏在土中筑的蛹室内越冬，部分个体二年发生 1 代，第一年幼虫在土室内越冬，次年夏秋季化蛹羽化后的成虫继续越冬，到第三年春季才出土。在四川梨区有 3/4 以上个体为一年 1 代型。越冬成虫于来年春季梨树开花时开始出土。一般于 3 月下旬开始出土，4 月中旬达出土盛期，5 月底出土结束。成虫出土后在梨树上停留 1 ~ 2 天后开始取食，再经 1 ~ 2 周，雌雄才交尾，交尾后 2 ~ 3 天产卵。成虫产卵时用口器在果面咬 1 小孔，产卵于小孔内，产完卵后用粪便或体液封住孔口，然后再咬伤果柄，被咬伤的果柄因失水，常被风吹落于地。一只雌虫一般可产卵40～80粒，最多可产卵200多粒。

幼虫孵化后，向果内蛀食至果心。到达果心后转过头去又向果外蛀食，一般在果内蛀食15～30天后，在果皮内咬一近圆形浸润状褐色脱果孔，再经数天后，咬破果皮脱果落地。幼虫脱果选一适当地方在土壤中约6厘米深处筑室，在其中化蛹，羽化越冬。另少数幼虫不化蛹直接越冬，到第二年羽化为成虫越冬。梨象甲成虫有假死性，早晚气温低时，受惊则假死落地；中午晴空、气温度高时，虽受惊假死，但落在半空中即飞去，不落地。

第三节　梨树病虫害综合防治

一、梨树病虫综合防治的基本要求

首先，是确定病虫害种类。具体到每一个地区或每一个梨园，由于环境条件、品种、树龄和病虫害防治历史与现状及防治水平的差异，主要病虫害种类是不会相同的。因此，必须调查每个果园病虫种类，确定哪些是常发生种类，哪些是偶发的种类，哪些病虫需要哪个季节防治，这样才能有的放矢地针对主要病虫害种类制订综合防治措施。

其次，是开展主要病虫害预测预报。在确定了主要病虫害种类基础上，对各种病虫害要进行发生规律的调查，找出本地区主要病虫害具体发生时间和有利防治时期。前面对主要病虫发生规律作了叙述，各地可作参考。

第三，确定防治指标。确定防治指标涉及的因素很多，包括梨的产量，病虫发生程度，防治成本等，后面介绍了几种病虫防治指标，各地可作参考，在此基础上再作修改。梨小食心虫，卵果率达1%时喷药；梨大食心虫，多果年份，虫芽率在5%以上，少果年份虫芽率在3%以上，幼虫转芽率达50%时喷药，被害果率达5%时喷药；梨叶斑蛾越冬幼虫出蛰率达50%或梨树花芽开绽初期喷药；其他病虫可参考苹、桃一节。

第四，要保护利用天敌。梨树的主要害虫都有许多天敌，发挥天敌的作用，就是要保护这些天敌在梨园中生存和繁殖。

第五，选用好化学农药并确定施药时机。其原则是当病虫害数量达到或超过经济允许水平才施用农药，同时要尽量避开天敌活动盛期施药，做到保护环境，维护梨园生态系统的平衡。

二、梨树病虫害综合防治措施

（一）农业技术措施

加强栽培管理，提高梨树抗病虫能力，消灭越冬病虫来源。生产实践证明，树势健壮、叶色浓绿，病虫害则轻；而树势衰弱，病虫害则重。如腐烂病等一些弱寄生性病害，在树体衰弱时易于发病，使树势更弱，以致死树。健壮树对害螨有一定的耐害性，在枝叶繁茂，叶色浓绿的树上，即使有害螨危害，也不致很快落叶。合理施肥，尤其是增施底肥，能促进梨树生长，增强树势，提高树体抗病虫能力。

合理修剪，剪除病虫枝梢。修剪的目的除了调节梨树营养生长和生殖生长的矛盾，使树壮多结果外，对病虫防治也有一定的积极作用。在冬剪时，可以剪掉黄褐天幕毛虫的卵块、黄刺蛾的越冬茧、蚱蝉产卵的枝条、梨云翅斑螟幼虫越冬的芽和危害枝条的梨瘿华蛾以及烂果病的僵果、病果台等；梨树长出新梢后，及时剪除梨黑星病的病梢，对控制该病的发展有很大的作用。当新梢长至10厘米以上时，及时剪除梨基蜂的产卵梢。结合疏花疏果，重点疏除梨实蜂产卵的花、幼果和梨云翅斑螟的虫果。将剪下的病虫叶、果收集起来，带出梨园，集中处理，切勿堆积在梨园内和梨园屏障，以防病虫再次向梨园扩散。

在梨树落叶后，消除落叶和枯枝，是消灭病虫害经济有效的措施，许多病菌如梨黑星病、轮纹病、梨黑斑病和梨木虱、梨冠网蝽等都是在枯枝落叶中越冬。清除的落叶或枯枝要集中烧毁。

刨树盘，结合松土，能起到促进根系生长的作用，同时这是消灭越冬害虫的好办法。这项措施可消灭在土壤中越冬的桃蛀果蛾、部分梨小食心虫、梨象甲、梨实蜂、梨冠网蝽。

另外，可以利用许多害虫有假死、群居群集等习性，实施人工捕杀，如许多金龟子、梨象甲等。茶翅蝽、梨实蜂等成虫早晚不善活动，振树即落地，茶翅蝽在越冬前迁至园内或附近的房屋上越冬，可以根据这些害虫的习性，采取人工捕杀施予以消灭。

（二）科学使用农药

药物防治在开展病虫预测预报基础上，及时、合理用药，梨树病虫防治应以梨黑星病为主，实施药剂防治。药剂防治应选择合适的施药部位，选择施药时期，应使用选择性药剂，坚持交替使用和药剂混用的原则。

梨树萌芽至开花前，主要防治对象是梨木虱、梨黑星病和梨黄粉蚜等病虫。在梨木虱发生严重的果园，在3月中旬初，喷10%吡虫啉可湿性粉剂2000～3000倍药液防治出蛰成虫；在开花前1～2天，喷50%退菌特可湿性粉1200倍药液加1.8%阿维菌素4000倍药液，防治梨黑星病、梨木虱、梨黄粉蚜等病虫。

梨树落花至春梢生长期，主要防治梨黑星病、梨黑斑病、梨锈病、梨木虱、梨实蜂、金龟子、梨云翅斑螟、梨小食心虫、梨象甲等。在剪除病花丛中心病梢、病果的同时，落花80%时、落花后半月、落花后25～30天三个时期是防治的关键时期，杀菌剂和杀虫剂可以混合施用，兼治病虫，但重点是防治梨黑星病。杀菌剂可选用：40%氟硅唑可湿性粉剂8000～10000倍液或10%苯醚甲环唑水分散粒剂6000～7000倍液或80%代森锰锌可湿性粉剂600～800倍药液或70%甲基托布津可湿性粉剂800～1000倍药液；杀虫剂有：25%噻虫嗪水分散粒剂5000～8000倍液或10%吡虫啉可湿性粉剂2000～3000倍液、25%灭幼脲悬乳剂1000～1500倍液或48%毒死蜱乳油1500～2000倍液。以后根据梨黑星病发生情况，适当增减用药次数。

春梢停止生长至果实成熟（即6~9月份）这段时期梨黑星病、黑斑病、轮纹病、梨木虱、梨蝽象、梨象甲、金龟子、梨小食心虫、桃蛀果蛾、梨星毛虫等都有可能发生灾害性危害。在梨园用糖醋液诱杀梨小食心虫，金龟子严重的果园可以用灯光诱杀，可用性诱剂诱集梨小食心虫和桃蛀果蛾成虫，以确定防治时期。一般有3个施药时期，春梢停止生长时和春梢停止生长后1个月、2个月，依据病虫发生情况，确定主要防治对象兼治其他病虫害。药剂可选用落花至春梢生长期施用的杀菌剂和杀虫剂。

无论是梨树病虫害或是其他果树病虫的药剂防治，在药剂选择上都应使用选择性农药。一是生理选择性农药。这类药剂对害虫比对天敌更毒，如微生物杀虫剂，包括苏芸金杆菌、日本金龟甲芽孢干菌，在梨、苹、桃上可以防治梨小食心虫、桃蛀果蛾、卷叶蛾类幼虫；昆虫生长调节剂如苏脲1号、灭幼脲3号，这类化合物在幼虫期使用，能抑制幼虫蜕皮和新的真皮层的形成，从而使害虫死去；昆虫性信息素，可以用来引诱雄虫不使其与雌虫交配，目前主要用于监测种群数量，掌握防治适期极为可靠、准确。二是利用生态选择性。目前在果树上常有以下几种方法：首先是调整用药时期，一定要克服见虫就治，见病就防，要加强主要对象的监测，按化学防治施药，改变施药方法，局部用药，把病虫害消灭在点片阶段。总之，所有生态选择的方法，都是为达到减少用药量（或次数）、保护天敌、保护环境的目的。三是开展生物防治。梨树和其他果树一样都是多年生作物，生态系统相对比其他作物稳定，容易建立起天敌群落，其生物防治方法可参考苹果虫害部分。

第四章

桃树病虫害

《中国果树病虫志》记载，我国桃树病害有 52 种。其中，真菌病害 45 种，细菌性病害 2 种，寄生种子植物 3 种，非侵染病害 2 种。桃褐腐病、桃炭疽病、桃疮痂病、桃缩叶病、细菌性穿孔病、桃木腐病、桃流胶病等危害较严重；害虫有 231 种，分属 10 目、57 科，分为五大类：一是蚜虫类，二是蚧类害虫，三是叶蝉类害虫，四是食心虫类，五是蛀枝干类害虫。

第一节　桃树病害

一、桃褐腐病

症状

桃褐腐病为害果实、花、叶和枝梢。果实自幼果至成熟期都可能遭受侵染，接近成熟期受害最严重。病果初期出现褐色圆形病斑，病部果肉变褐腐烂，病斑蔓延迅速。随病斑逐渐扩大，产生白色或灰色绒状的霉点、微隆起，初作同心轮纹状排列，渐次布满全果。全果腐烂之后，病果失水变成僵果。僵果不易脱落，常挂于枝头，最后变黑褐色。

花瓣及柱头受侵染时，先产生褐色斑点，逐渐蔓延至花萼和花柄，花蕊随后变褐色而枯萎。在潮湿条件下，病花迅速腐烂，表面丛生灰霉；在干燥条件下，则萎缩干枯，病花多残留枝上不易脱落。

嫩叶发病常自叶缘开始，病叶产生暗褐色水渍状斑块，迅速蔓延至叶柄，随之全叶枯黄，病叶不易脱落。

枝条染病的病源来自花梗或病果中的菌丝向下蔓延侵入而致。即形成枝条溃疡。溃疡长圆形，边缘紫褐色，中央梢凹陷，呈灰褐色，当扩展至环绕枝条一周时，枝条即枯死。溃疡在开始时常产生流胶现象，以后病部周围微隆起。

病原及发生规律

桃褐腐病是子囊菌亚门中一种核盘菌属的真菌。病菌在僵果或病枝条溃疡中越冬。第二年春天，气温上升，产生分生孢子，随风雨传播，行初次侵染。此病很少产生有性阶段，分生孢子在初次侵染中起主要作用。病菌经皮孔、气孔侵入果实，但主要通过伤口传入。果实在近成熟期发病最严重，温度在20℃～25℃，多雨、多雾条件下有利于此病的发生。害虫（蝽象）为害常造成此病侵染的机会。当健果与病果接触时，病菌也可以侵入果实，在贮藏期继续侵染；病菌侵入花蕊系借花芽管侵入柱头或密腺。当桃树开花时，如遇雨气温低的情况下，则花易腐烂。在桃树生长期内，条件适宜时，可以陆续侵入危害。凡是果皮薄、果肉柔软多汁的品种均易感染此病。能抗果腐的品种，一般都是角质层厚，皮下木栓化强，果实成熟后组织较坚硬的品种。栽植过密、修剪不当而造成通风透光不良的果园也易发生此病。

二、桃炭疽病

症状

桃炭疽病为害果实和新梢。幼果染病后，呈暗褐色，发育停滞，萎缩硬化；稍大的果实染病时，初在果面上产生绿褐色水渍状斑点，病斑渐次扩大、凹陷、呈浓化；果实在近成熟期染病，起初果面发生淡褐色小斑，逐步扩大成圆形或椭圆凹陷病斑，并继续向外扩展，以致后期几乎被红色粗质物所覆盖。病果腐烂，终致脱落或干缩成僵果固着在枝上。

枝梢初发病时产生绿褐色水渍状病斑，后渐变褐色，边缘带赤褐色，表面涌出粉红色孢子团。由于染病枝条两侧生长不均匀，病梢多向一侧弯曲，当发病严重时病梢枯死。病梢上的叶片尤其先端上的叶片，多以主脉为轴向正面卷转，甚至卷成筒状。

病原及发生规律

桃炭疽病菌属担子菌亚门炭疽菌属的一种真菌。病菌以菌丝在病枝或病果内越冬。第二年春季遇到适宜的温度、湿度时（平均气温 10℃～12℃，相对湿度 80%以上），病菌随风雨传播而侵染新梢，造成初次侵染，以后在新生的病斑上产生病菌（分生孢子）进行再次侵染新梢和果实。此病为害时间很长，在桃树整个生长季节里都可以侵染。在桃树开花及幼果期由于低温多雨有利于发病，果实成熟期则以温暖多雨多雾的条件发病严重。果实发病主要在果实第一次迅速生长期，其次为采前的果实膨大期。一般管理粗放，留枝过密，土壤黏重，果园低洼，排水不良，树势衰弱时发病严重。早熟和中熟品种发病重，晚熟品种发病较轻。

三、桃疮痂病（黑星病）

症状

桃疮痂病主要为害果实，也能损害枝梢和叶片。果实初发病时，果面出现暗绿色小斑点，后逐渐扩大，发病严重时病斑聚合成片，果面粗糙。至果实接近成熟时，病斑呈紫黑色或黑红色。病菌的侵染只限于表皮，病部停止生长，随果实增大，病面往往龟裂。果梗受害，果实常常早期脱落；枝梢受害时，起初在表面产生浅褐色椭圆形斑点，病斑边缘为紫褐色，后期病斑变成紫色或黑色并进一步扩大，病部隆起，常由病斑处产生流胶现象，在病斑表面密生一些黑粒点。病斑只限于表皮，病斑下面形成木栓细胞。因此，表面的角质层与底层细胞脱离，但有时形成层细胞死亡，导致枝梢枯死。叶片发病多在叶背主脉之间，起初多为角形或不规则形灰绿色病斑，以后病斑正反两面均变成暗绿色、褐色或紫红色，最后病部干枯，常常脱落穿孔，严重时可以造成落叶。

病原及发生规律

桃疮痂病菌是半知菌亚门黑星孢属的一种真菌。病菌菌丝体在染病的新梢组织内越冬。第二年4~5月份，降雨后，开始形成新的分生孢子陆续进行侵染，分生孢子主要借雨水传播，病菌侵入后潜育期很长，在新梢和叶片上为25~45天，在果实上为40~70天。5月间开始发病。早熟品种发病较轻，晚熟品种发病较重。该病发生与春季及初夏的雨水和温度有密切的关系，凡是这段时间多雨潮湿，病害发生就比较严重。果园地势低湿或栽植过密、枝叶繁茂而郁闭的果园易发病。

四、桃缩叶病

症状

桃缩叶病主要为害叶片，间或侵害嫩枝及幼果。侵染嫩叶时从芽鳞抽出即呈现症状，病叶之部分或全部皱缩扭曲，其扭曲皱缩的程度逐渐随叶片展开而加重。病部肿大，叶肉肥厚，质脆，起初呈灰绿色，后变红色。其后病部表面生出一层灰白色粉状物，以后病叶变褐色至深褐色，干枯脱落。叶片脱落后，腋芽常萌发抽出新生叶片，这种新叶因为发生较晚，天转暖，不利于病菌浸染。因此，新叶不再受害。枝梢受害呈灰绿色或黄色，较正常枝条短，而且比较粗肿，顶端叶片常丛生，发病严重时枝条逐渐向下枯死，甚至有的大枝或全树枯死。幼果染病，初期产生黄色或红色病斑，微隆起，随着果实增大，病斑渐变褐色，后期病果发育呈畸形，果表常有龟裂和疮痂。较大的果实受害，果实变红色，茸毛脱落，果面光滑，病果易脱落。桃树被蚜虫危害，叶片虽然也呈红色卷曲，但与缩叶病有区别，蚜虫伤害的叶片不肿大反而瘦小，向后卷缩特别明显，而且不产生灰白色粉状物。

病原及发生规律

桃缩叶病菌是子囊菌亚门中一种外囊菌属的真菌。病菌的芽孢子或子囊孢子附着在芽鳞片外表和芽鳞片间越冬，也可以在粗树皮缝隙中越冬。当桃树萌芽时，越冬孢子也同时萌发产生芽管，直接穿透表皮或经皮孔侵入嫩芽、幼叶，进行初次侵染，每年也只有这一次侵染。病菌侵入后，在叶肉组织内生长发育，刺激细胞大量分裂，致使病叶肥厚皱缩。至初夏时，病叶表面产生病菌孢子（子囊层释放出子囊孢子和芽孢子），传染到芽鳞片和枝干树皮上越夏、越冬。

在桃树萌芽至展叶期，低温多雨潮湿，延长了萌芽期，加长了受侵染时间，同时也有利于病菌孢子的传播、萌发和侵染，因而发病严重。反之，早春温暖少雨干燥，则发病较轻。品种间，一般早熟品种发病重，中晚熟品种发病较轻。毛桃发病尤重。此病一般在 4 月上、中旬开始发生，4 月下旬至 5 月上旬为发病盛期，6 月份病害停止发展。

五、桃细菌性穿孔病

症状

桃细菌性穿孔病为害叶片、果实和枝梢。叶片发病时叶背面起初产生水渍状小圆形，不久水渍状斑点也呈现于叶片正面。病斑逐渐扩大，呈圆形或不规则形，红褐色或褐色，周围具黄绿色晕环。以后病斑干枯，周缘产生一圈裂纹，仅有一小部分与叶片相连，容易脱落形成穿孔。病斑大多产生在叶脉和叶缘附近，常常数个病斑融合成大斑，干枯脱落后形成大的穿孔。此病的发生常常造成早期落叶。

果实发病初期，果面上产生褐色小圆斑，其后逐渐扩大，稍凹陷，颜色变深，呈暗紫色，周缘呈水渍状。当病斑湿润时，常产生黄色黏质溢泌物。干燥时往往产生裂痕。

嫩枝受害后，起初以皮孔或芽痕为中心产生灰褐色水渍状圆形或椭圆形病斑，以后稍凹陷，呈褐色，最后表皮破裂，呈溃疡状。

病原及发生规律

此病是一种黄单胞杆属细菌。细菌在被害枝梢的溃疡处越冬。春季溃疡是初次侵染的主要来源。夏季溃疡中的细菌，因气温高、湿度小，溃疡斑容易干燥，外围的健全组织很容易愈合。溃疡中的病菌在干燥的情况下，经过 10 ~ 13 天即死亡。而春季溃疡是在夏末至秋季落叶前形成。枝条虽被侵染，但症状不明显，直到第二年春季被侵害的枝条才变褐色，呈水渍状，渐渐形成春季溃疡。春季溃疡中的细菌可以传播侵染，即春季气温上升，病组织内细菌开始活动，在桃树开花后，细菌从病组织中溢出，借风雨或昆虫传播，从叶片的气孔、枝条和果实的皮孔侵入。此病一般在 5 月份出现。如春季温暖潮湿，可能提早到 4 月间出现。如春季冷、气候干燥，则发病很少。暴雨不利于细菌的传播和侵染，因为细菌大部分被冲到地面。一般年份在春、秋雨季病情发展较快，夏季干旱病情发展较缓慢。

六、桃树流胶病

桃树流胶病，包括非侵染性病害和侵染性病害。后者根据报道，主要在江苏、浙江、广东、上海等地发生，又根据成都龙泉驿区反映侵染性的流胶在龙泉驿区也有可能发生。

症状

非侵染的病害（生理性病害）。主要发生在桃树枝干，尤其在主干及干杈最易发生。主干发病时，在树皮或其裂口处泌出淡黄色柔软透明的树脂，树脂凝结，变为赤褐色，呈冻胶状，干燥后则成很坚硬的琥珀状胶块。病部皮层和木质变褐腐朽。因此，造成树势衰弱，叶片变黄而且细小。发病严重时，枝干枯死。有时果实也发病，由核内分泌黄色胶质，渗出果面，病部较硬，严重时破裂，不能生长发育，无食用价值。

侵染性病害（真菌病害），主要为害枝干。在一年生嫩枝上发病时，最初以皮孔为中心产生小突起，以后形成瘤状突起，当年不流胶，到第二年 5 月，瘤皮开裂，溢出树脂，初为无色透明稀薄而有黏性的软胶，后转为茶褐色，质地变硬呈结晶状，吸水膨胀，成为冻胶状的胶体。病部枝条粗糙变黑，并以疣为中心逐渐下陷，形成圆形或不规则病斑，其上散生小黑点。多年生枝干受害后呈现 1 ~ 2 厘米大型的“水泡状”隆起。病菌在枝干内为害，深达木质部，受害处变褐、坏死，在枝干上病斑多时，则大量流胶，致使枝干枯死，桃树早衰。

病原及发生规律

非侵染病害（生理性病害）。诱发此病发生的因素十分复杂，常因地而异。一般有三方面原因：一是伤口造成，因枝干性病虫损害，如腐烂病、干腐病、炭疽病、疮痂病、穿孔病、蛀干虫害（天牛类等）、冻伤、日灼伤等造成伤口，引起流胶。二是修剪过度，施肥不当，水分过多或不足等，人为造成伤口（机械伤口）等都会引起发病。反之，凡是桃园栽培管理好，树势健壮，病虫少，流胶病则轻。三，一般在4～10月间，雨季，特别是长期干旱后遭逢暴雨，流胶病有加重发生的趋势。树龄大的桃树发生重，幼龄树发病轻。果实被蝽象类为害后，是果实流胶的主要原因。

侵染性病害（真菌病害）。根据江苏、上海报道，该病为子囊菌亚门葡萄座腔菌属的真菌。病菌在被害枝条内越冬，通过雨水和风传播。雨天从病部溢出大量病菌，顺着枝干流下或溅附在新梢上，从皮孔、伤口侵入，成为初次感病的主要菌源。枝干内潜伏病菌的活动与温度有关，当气温在15℃时，病部即可渗出胶液。随气温上升，树体流胶增多，病情逐渐加重。在长江以南地区，一年有两次发病高峰。第一次于5月下旬至6月下旬；第二次于8月上旬至9月上旬，入冬以后流胶停止。一般侧生的枝干向地表一面重于向上的部位，直立至生长的枝干基部以上部位受害严重。日灼伤的枝干比内膛枝干严重，枝干分杈部分易积水的地方受害也比较严重。

第二节 桃树虫害

一、桃蛀野螟（桃蛀螟）

桃蛀野螟属鳞翅目，螟蛾科。又名桃蛀螟、桃斑螟、桃食螟、豹纹斑螟，俗称桃蛀心虫。

危害状

幼虫为害果实和种子。幼虫危害桃果时，从桃果梗基部沿果核蛀入果心，蛀食嫩果核和果肉。果实被蛀后流出粘胶，并有大量红褐色粒状虫粪，果内也充满虫粪，使果实不发育，容易腐烂，不堪食用。俗话说“十桃九蛀”，反映此虫对桃果危害的严重性。

形态特征

成虫　体长 10 毫米左右，翅展 20～26 毫米。全体橙黄色。胸部、腹部及翅面上均具有黑色斑点，胸部背面长有鳞毛并有明显的 3 个黑点，前翅有 23～26 个黑点；后翅有 15 个黑点。腹部第 1 和 3～6 节背面各有 3 个黑点，第 7 节有时只有一个黑点，第 2、8 节无黑点，雄蛾腹部第 9 节末端黑色，雌蛾则无。

卵　椭圆形，表面有细微圆点，初乳白色，近孵化时红褐色。

幼虫　老熟幼虫体长约 22 毫米，头暗褐色，前胸盾褐色，体色一般变化较大，一般背面红褐色，有的淡灰色、浅灰蓝色，腹部多为淡绿色。中、后胸节及第一至八腹节各有大小不等的褐色毛片8个，形成前6后2。

蛹 体长约13毫米，被蛹、褐色，翅芽达第五腹节，第五至第七腹节背面浅绿，有深褐色突起线，线上着生小刺一列，尾片具有卷曲细刺6根。

茧 长椭圆形、灰白色，茧外常附有碎屑等物。

发生规律

桃蛀野螟一年发生4~5代，老熟幼虫在桃树皮下，以及其他寄主如向日葵株和落叶、玉米、高粱秸内及石榴僵果内越冬。各代成虫发生期为：第一代为4月至6月中旬；第二代为5月中旬至7月下旬；第三代为7月下旬至8月下旬；第四代为8月下旬至9月。从9月中旬起，以老熟幼虫寻找越冬场所越冬。成虫白天和雨天不活动，静伏于叶背面，夜间活动，趋光性不强。成虫有取食花蜜的习性，以傍晚最盛，雄雌交尾和经补充营养后，开始产卵，但白天不产卵。卵散产，多产于桃果表面。每头雌虫可产卵5~29粒，卵期平均4~7天。

初孵幼虫作短距离爬行，即蛀入果内危害。幼虫蛀入桃果后一般危害15~20天，幼虫老熟后多在被害部位及其附近吐丝结茧化蛹，危害桃果的多在果内化蛹，也有在果外或果与枝间化蛹。

一般第一代幼虫危害桃果，第二代以后转移危害其他寄主，如向日葵、玉米、高粱以及棉花，此虫食性很杂，可危害100种植物。到9月份以后老熟幼虫寻找越冬场所结茧越冬。

二、黑星麦蛾

黑星麦蛾属鳞翅目，麦蛾科。

危害状

小幼虫在尚未伸展的嫩叶上危害。大幼虫常在近梢端缀叶成巢，巢内有白色细长丝质通道，并杂有虫粪。一个叶巢内有时数条幼虫在一起，在巢内食害叶片上表皮及叶肉，残留下表皮，严重影响新梢生长。

形态特征

成虫　体长5~6毫米，翅展16毫米左右。头顶和颊面具有褐色鳞片。体及前翅黄褐色。前翅端部1/4处有1条淡色横线，中室有2个黑色小斑点。

卵　椭圆形，淡黄色，发亮。

幼虫　老熟幼虫体长11毫米左右。头黄褐色，侧面有深色斑纹；前胸背板深褐色；胴部黄白色，背线两侧各有3条淡紫色纵条线。毛片深褐色，极明显。

蛹　体长6毫米左右，红褐色，第七腹节后缘有蜡黄色并列的刺突，第六腹节腹面中部有2个突起。

发生规律

黑星麦蛾一年发生3代，蛹在杂草及其被害处越冬。第二年4~5月羽化为成虫。成虫产卵于叶丛的叶柄基部，单粒或几粒成堆。初孵幼虫潜伏于尚未展叶的嫩叶上危害，幼虫长大后，将几片叶缀成巢，在巢内食害叶片。一般一个叶巢内有3~4头幼虫，多时可达10~20头幼虫。幼虫性活泼，受震动后即吐丝下垂。

三、桃蚜

桃蚜属同翅目，蚜科。又名烟蚜、桃赤蚜，俗称蜜虫、腻虫等。

为害状

成虫及若虫群集在桃叶背面及嫩梢上吸食汁液。幼叶受害后，向反面横卷呈不规则的皱缩卷曲，最后干枯脱落。桃蚜能排泄大量蜜露，引起烟煤病发生，并可传播病毒病。

形态特征

有翅胎生雌蚜　体长 1.6～2.2 毫米，头、胸部黑色，腹部绿、黄绿、杏黄、赤褐色，额瘤留明显，向内倾斜；触角、足的端部及腹管均为黑色。触角丝状，较体短，6 节，第三节有圆形感觉孔 9～17 个，第五、六节各有感觉孔各 1 个。腹部背面有淡黑色斑纹。腹管细长，圆筒形，尾片圆锥形，有侧毛 3 对。翅透明，前翅中脉分 3 枝。

无翅胎生雌蚜　体长 1.4～2.0 毫米，体似鸭梨形，触角仅第五、六节有感觉孔 1 个，第三节无。体色、额瘤、腹管斑纹、腹管和尾片等与有翅胎生雌蚜相似。

卵　长椭圆形，初为淡绿色，后变黑色，有光泽。

若虫　外观似无翅胎生雌虫，但体小，淡红褐色，其中有个体胸背具有翅芽，日后发育成有翅蚜。

发生规律

桃蚜一年发生 20～30 代，以卵在桃、杏等核果类果树的芽腋、芽鳞裂缝等处越冬。第二年春季桃树花芽萌动时越冬卵开始孵化，花蕾待放时为孵化盛期，蚜群集在芽上危害，新梢嫩叶展叶后，蚜群则到叶背面集聚为害、繁殖。5月间繁殖快，危害也很严重。到6月份桃树上的蚜虫数量逐渐减少，一部分迁至夏季寄主十字花科蔬菜上；另一部分则迁移至夏季寄主烟草上繁殖。6月中旬以后桃树、杏上的桃蚜基本绝迹，8～10月间桃蚜又迁移至秋季寄主取食繁殖。10月中旬以后产生性母蚜，性母蚜分有翅和无翅两型，有翅性母蚜飞到桃树上胎生无翅雌蚜，无翅性母蚜则在秋菜上胎生有翅雄蚜，雄蚜飞回桃树上与无翅雌蚜交尾，雌蚜产卵越冬。桃蚜寄主种类复杂，其越冬和早春危害桃，称为第一寄主；入夏以后迁移到烟草或蔬菜上繁殖，被“侨居”的烟草或蔬菜称为第二寄主，秋后由第二寄主返回到第一寄主。因此，桃蚜的生活周期属于乔迁式类型。

桃蚜的天敌种类很多，对桃蚜的抑制作用很强，据观察，一头瓢虫或大草蛉的一生，可捕食4000～5000头蚜虫，大型食蚜蝇一天可捕食几百头蚜虫。因此，桃园内使用农药防治害虫时，应考虑到对自然天敌的保护利用。

四、桃瘤蚜

桃瘤蚜属同翅目，蚜科。

危害状

成虫和若虫群集叶背，吸食汁液。被害叶片两缘向叶背纵卷，形成绿至红色肥厚虫瘿，被卷处组织肥厚凹凸不平，严重时全叶卷曲呈绳状。

形态特征

有翅胎生雌蚜　体长1.8毫米，长椭圆形，淡黄褐色。触角第三节有30个感觉孔，第四节有9～10个感觉孔。足的腿节、胫节末端及跗节色深。额瘤、腹管、尾片与无翅胎生雌蚜相似。

无翅胎生雌蚜　体长2.1毫米，较肥大，深绿色或黄褐色。头部黑色、额瘤显著。触角6节，第三节后半部及第六节呈瓦状。中胸两侧有小形瘤状突起。腹部背面有黑色斑纹。腹管圆柱形，具黑色覆瓦状纹。尾片短小。

若虫　近似无翅胎生孤雌蚜，但体较小，淡绿色，头部和腹管深绿色。

发生规律

桃瘤蚜一年发生10余代。卵在桃、樱桃枝梢、芽腋处越冬。第二年桃树发芽时，越冬卵孵化为干母蚜，群集于叶背繁殖。严重时全叶卷曲紧缩呈绳状，终致叶片干枯而死。6月份此虫繁殖数最大，危害最烈，并开始产有翅胎生蚜，陆续迁移至夏季寄主上（如艾）繁殖。直至10月晚秋时，产生有翅胎生雌蚜迁回桃树上产生有性蚜，雌雄交尾后产卵越冬。

五、桑盾蚧

桑盾蚧属同翅目，盾蚧科。又名桑白蚧、桃白蚧，俗称树虱。

为害状

雌成虫和若虫群集固定于桃树枝条吸食汁液，偶尔也危害果实和叶片。严重时枝条上的介壳密布重叠。远看枝条呈灰白色，且凹凸不平，被害树极度衰弱，甚至造成枝条或全树干枯死亡。如一旦发生而又未即时防治，则3~5年内桃园可彻底被毁。

形态特征

雌成虫 介壳呈圆形，略隆起，有轮纹，灰白色或灰褐色，壳点黄褐色，位于介壳中央偏侧；虫体长约1毫米，卵圆形，扁平，橙黄或橘红色。触角短小呈瘤状，上有1根粗刚毛。头、胸不易分开，腹部分节明显，臀板较宽，末端具3对臀叶。口针丝状。

雄成虫 介壳细长灰白色，背面有3条纵脊，壳点橙黄色，位于介壳前端；虫体长约0.7毫米，翅展1.3毫米，体形似瘿蚊，体色橙黄或橘红色。复眼黑色，触角10节，念珠状，上生很多毛。仅具前翅1对，翅脉1根2分叉。腹部末端有剑状的交尾器。足3对。

卵 椭圆形，橘红色。

若虫 初孵若虫体扁圆形，淡黄褐色。眼、触角和足俱全，能爬行。腹部末端具尾毛1对；蜕皮后2龄若虫，眼、触角和足消失，尾毛消失。开始分泌介壳，雌若虫和雌成虫相似，雄若虫介壳稍长。

发生规律

桑盾蚧一年发生2代，第二代受精雌虫在桃树枝干上越冬。第二年春季桃树萌动时开始活动吸食。5月产卵于介壳下，每头雌虫可产卵百余粒，产完卵的雌虫即干缩死亡，卵期约15天。初孵的若虫在雌介壳下停留数小时后，逐渐爬出，分散活动1~2天后，固定在桃树枝条上危害。约经1周后，开始分泌出棉状白色的蜡粉，覆盖整个体表，随即脱皮，继续取食，并分泌蜡质形成介壳。雄若虫经脱皮2次为2龄，脱第二次皮后变为前蛹，前蛹再化为蛹，蛹期约1周，然后羽化为成虫。雌若虫也为2龄，脱第二次皮后，不经蛹期而直接羽化成虫，雌雄交尾后1~2天雄虫即死亡。雌成虫于7月中、下旬产卵，卵期约10天，7月下旬至8月上旬孵化为第二代若虫，但第二代若虫分散危害。至9月底到10月上旬出现第二代成虫，雌雄交尾后雄虫随即而亡，留下受精雌成虫在枝干越冬。

桑盾蚧的捕食性和寄生性天敌都很多。在自然条件下，对桑盾蚧均有一定的控制作用。

六、朝鲜球坚蚧

朝鲜球坚蚧属同翅目，蚧科。又名桃球坚蚧。

为害状

雌成虫和若虫栖息在枝条上，终生将口针插入寄主组织内吸取树体汁液，并排出蜜状的黏液。被害树生长不良，严重时枝干枯而死。

形态特征

雌成虫　初期介壳质软，黄褐色。后期硬化，红褐色至紫褐色，半球形，横径4.5毫米。表面皱纹不明显。

雄成虫　介壳椭圆形，无色半透明，背面有龟甲状隆起线。虫体长约1.5毫米，头胸部赤褐色，具翅1对。腹部淡黄褐色，末端有尾毛1对。

卵　椭圆形，橙黄色。

若虫　长椭圆形，背面浓褐色，腹面灰褐色，触角、足均俱，腹部末端有尾毛2条。

发生规律

朝鲜球坚蚧一年发生1代，2龄若虫固着在枝条上越冬。第二年桃树萌动时开始活动，不久便分化为雌、雄两性。到3月下旬雌若虫经蜕皮后，体背渐膨大成球形介壳；雄若虫于4月下旬分泌白色蜡质形成长介壳，并与雌虫交尾，雄虫交尾后即死亡。5月间危害最严重。雌虫体迅速膨大，到中、下旬开始产卵，产卵期达2个月之久，每头雌虫一生可产卵平均1000多粒，最多可达2000多粒，卵产在雌体腹面，卵期约1周。于5月下旬至6月上旬为若虫孵化期，初孵若虫爬行活跃，1～2天后，寻找适当部位，常常在枝条裂缝和枝条基部叶痕内居多，固定后即分泌白色蜡质丝覆盖体背，到6月中、下旬蜡丝逐渐融合为蜡质，包在虫体周围，此时发育缓慢，雌雄难辨别。9月若虫蜕一次皮，变为2龄若虫之后进入越冬状态越冬。

朝鲜球坚蚧捕食天敌和寄生天敌种类及数量都比较多。

七、桃红颈天牛

桃红颈天牛属鞘翅目，天牛科。别名红脖子老牛、哈虫。

为害状

幼虫蛀食枝干，常在韧皮部与木质部之间危害，近老熟时深入木质部向上或向下蛀食到根颈部，蛀道部位呈不规则长片状，造成树干中空，输导组织破坏，从外表上看，在树干基部堆积大量红褐色虫粪和蛀木的碎屑。轻者树衰，重者全树枯死。

形态特征

成虫　体长 28～37 毫米。雌体大于雄体。黑色，有光泽。触角鞭状，11 节，黑蓝色。腹眼肾形，围在触角基部。前胸背部棕红色，故称“红颈天牛”。背板上有 4 个具光泽的瘤状突起，前胸两侧各有 1 个短刺突起。雄虫触角比体长；雌虫触角长度与虫体略等。

卵　长椭圆形，乳白色。

幼虫　老熟幼虫体长约 50 毫米，黄白色，头小，黑褐色。前胸背板扁平方形。胴部分节明显，前半部各节略呈长方形，后半部为筒形。腹部第一节至第七节背部生有横形肉突。足退化，属有头无足型。

蛹　体长约 36 毫米，淡黄色。裸蛹。前胸两侧和前缘中央各有突起 1 个。近羽化时体色为黑褐色。

发生规律

桃红颈天牛 2～3 年发生 1 代。幼虫在树干蛀道内越冬。春季桃树液流动时开始活动。4～6 月间老熟幼虫在木质部分泌物黏结木屑作茧化蛹，蛹期约 20 天。6～7 月份成虫羽化，刚羽化的成虫先在蛹室停留 3～5 天，然后钻出，一般多在降雨后出现。成虫白天活动，尤其在中午前后更为常见，可远距离飞行，寻找配偶和产卵场所。每头雌虫可产卵 40～50 粒。卵产于桃树主干或枝干基部缝隙中，产卵时先将树皮咬一方形裂口，然后把卵产于裂口下。卵期8~9天。幼虫孵化蛀入皮层内，随着虫体增长逐渐深入蛀食。第一年多以3龄幼虫越冬，第二年幼虫继续危害。6月前后危害最严重，秋后以5龄幼虫在蛀食的隧道内越冬，第三年越冬老熟幼虫在木质部作蛹室化蛹，而后羽化为成虫。

桃红颈天牛一生大部分时间是以幼虫在树干内蛀食。往往有10多头不同龄期的幼虫在同一被害树生存，但它们在各自的蛀道内活动。因此，危害面积增大，极易造成树干枯死。

第三节　桃树病虫害综合防治

一、桃树休眠期至发芽前

桃树落叶、枝干等处是许多病虫害的越冬场所，是来年病虫害初次侵染源，将病虫害消灭在这个阶段，既是保证桃树增收，又是减少生长期用药，保护生态环境一项重要的措施。如桃褐腐病在僵果和病枝溃疡内越冬。炭疽病、疮痂病、缩叶病、细菌性穿孔病，还有一些虫害如桃蚜、瘤蚜以卵在枝梢处越冬，还有许多介壳虫等。因此，在桃树落叶以后至第二年萌动前，结合桃树修剪，将病虫枝梢、挂在树上的僵果和落叶等一并清除，带出园外集中销毁；刮粗树皮，树涂白等，塞堵天牛洞孔。在开春前可用1~3度波美石硫合剂喷树，根据河北地区经验在桃树萌动前，全树喷一次80%五氯酸钠可湿性粉剂200倍液加2~3度波美石硫合剂可以灭除许多越冬病害和虫害。

二、桃树萌芽至开花期

在芽露红时喷1次50%退菌特可湿性粉剂500倍液或80%代森锰锌可湿性粉剂800倍液加杀虫剂10%吡虫啉4000～5000倍液，防治桃缩叶病和蚜虫类。

三、果实第一次膨大期

这段时间是从谢花后子房膨大开始到果核木质化以前，是当年产量形成的重要时段。这段时间各种病虫害开始危害。有的病虫已进入发生初盛期至盛期。如蚜虫类、介壳类、叶蝉类、桃蛀螟越冬代卵已经孵化等，是病虫防治的关键时期。在农药防治上可在以下几个时期用药：一是落花后；二是落花后7～10天；三是落花后半个月；四是5月中旬等，这段时间加强病虫预测预报。主要害虫有蚜虫类、介壳虫类、桃蛀螟；病害有缩叶病、疮痂病、穿孔病（细菌性和真菌性），另外还要注意瘿螨危害造成的畸果等。可选用的杀菌剂有50%扑海因可湿性粉剂1500倍液；80%代森锰锌可湿性粉剂；50%多菌灵600倍液；200单位农用链霉素。杀虫剂有10%吡虫啉可湿性粉剂2000倍、25%噻虫嗪水分散粒剂8000～10000倍、48%毒死蜱乳油1500～2000倍液。

四、果实硬核期

这段时期病虫害种类与果实第一膨大期相似。到6月中旬以后，如没有防治好的果园，应加强桃疮痂病、穿孔病、褐腐病和桑盾蚧等蚧类，以及食心虫（桃小食心虫）、桃蛀果蛾的监测。如果已达到防治指标，应及时防治，药剂可用果实第一次膨大期的药剂。

五、果实第二次膨大期

这段时间主要对象应是疮痂病、褐腐病，如果有卷叶发生的果园，应注意防治。

第五章
葡萄病虫害

根据《中国果树病虫志》，我国葡萄有病害 34 种。其中真菌病害有 29 种，细菌病害 1 种，非侵染性病害 4 种。影响葡萄生产的病害以炭疽病、白腐病、黑痘病和霜霉病危害最重，前 3 种损害果穗、果粒，后 1 种侵害叶片。葡萄害虫有 135 种，分属 9 个目，44 科。其中鞘翅目和鳞翅目害虫占主要，分别为 41 种和 40 种。

第一节　葡萄病害

一、葡萄炭疽病

葡萄炭疽病又名晚腐病。病害多在成熟期发生，故得此名。

症状

葡萄炭疽病主要发生在果粒、穗轴、花穗、叶片、卷须和新梢等部位。但主要损害果粒。果粒的症状为幼果期表面呈现黑色、圆形、蝇粪状病斑。病斑从着色期开始，此时果粒柔软、多汁、含糖量增加，病斑扩大较快。病果最初出现圆形梢凹陷、浅褐色病斑，有的病斑扩大到半个果面，此时病果粒表面密生小黑点。当天气潮湿时，排出红色黏质孢子块。随着病情的发展，病果逐渐干枯，最后变成僵果。美洲葡萄品种的病果粒脱落，果柄仍残留树上，但欧洲葡萄品种的病果粒多不脱落，整穗僵葡萄仍挂树上。

叶的症状主要在叶脉和叶柄上出现椭圆形病斑，深褐色。叶的病斑一般不多，对树叶也无明显的影响，也不致引起落叶。

病原及发生规律

葡萄炭疽病菌有性阶段属子囊菌亚门的围小壳菌，不常见；无性阶段属半知菌亚门的果生盘长孢菌，比较常见。病菌主要依靠菌丝在结果母枝、穗抽、卷须与附着在树上的僵果等部位越冬。病枝与健全枝外观无区别。病菌潜伏在皮层最多。病枝经过雨淋湿后形成大量孢子，病菌形成孢子的温度范围为15℃～32℃，最适温度为25℃～28℃。孢子借雨滴分散开，落到新梢、叶、幼果上，进行侵染。幼果上孢子在果面萌发，芽管先端长出附着胞，10日后穿入寄主，菌丝通过皮层进入表皮细胞，直至果粒成熟，这就是潜伏浸染现象。果粒到了着色期，病菌浸染多，通常经过4～6月的潜伏期出病斑，在果面上出现许多绯红色孢子块，内藏许多孢子。孢水借风雨水飞溅而侵入果穗其他果粒内，并同时也侵染旁边及附近果穗。由于病果汁溢出，招引昆虫汇集，从而传播病害。

由于幼果期果汁含糖量低，不利于病菌生长。因此，只形成潜伏浸染，到果粒成熟期含糖量增加，病菌迅速生长，病斑也迅速扩大直至果粒腐烂，是病害严重发生期。

葡萄炭疽病多发生于下层果层，尤以靠近地面的果粒发病较严重，弱株发病重，生长正常或生长旺盛的植株发病较轻。日灼也易引起发病。

葡萄炭疽病在多雨、高湿、炎热天气（25℃～30℃）的环境条件，最容易流行。尤其7～8月间雨季潮湿，是此病流行的时期。品种与此病发病率有关系，我国栽培的大多葡萄品种均感此病，一般是皮薄的品种发病重，早熟品种发病轻，中、晚熟品种发病重。

二、葡萄白腐病

症状

葡萄白腐病主要侵害果穗、叶片和枝蔓。果穗先发病，穗轴出现浅褐色长条病斑，像水烫，用手轻压，随即破坏，闻之有酒糟味。接着病斑扩展到果粒。穗轴感病，全穗果粒受影响，小穗感病则部分果粒受影响。病果呈水渍状，浅褐色，很快由局部扩大至全果粒，果面密生灰色小点。此时遇风雨或田间作业时碰撞，病果很容易脱落，严重时地面落满一层，这是白腐病发生的最大特征。不脱落的病果粒，逐渐干缩成僵果。

叶的症状多在植株生长的中后期，果穗发病以后才出现叶缘或破伤部位，呈大型梢圆的浅褐色病斑，有同心轮纹。病部容易破裂。枝蔓的症状一般发生在破伤部位，如新梢与铝丝摩擦之处或摘心部位。开始时病斑呈水渍状，色泽逐渐变为黑褐色，表面密生小黑点。

病原及发生规律

葡萄白腐病菌属半知菌亚门的白腐盾壳霉菌的一种真菌。病菌生活史有两个明显的阶段，即短期的寄生阶段和长期的土壤内休眠阶段。夏天雨滴把土壤颗粒飞溅到果穗上，土粒上附有病菌分生孢子，于是引起侵染。初次侵染源是来自土壤中的病菌，果园作业也有可能将土壤中的病原菌带到果穗上。病菌通过伤口侵入果穗，也可以直接侵入穗轴和果柄。

病菌分生孢子在通过伤口侵入果粒后，至病斑出现一般要 3～4 天，有些品种要经过 10 天才出现病斑，这与品种、气温关系很大，如果温度在 24℃～27℃，相对湿度在 80% 以上，病菌侵入到表现出病斑只需很短时间。6～8 月份，由于是雨季、高温有利于病害发生，这段时间是发病高峰期。

果穗感病最敏感的部位是果穗的前端及其小分支的先端，其次为中分支，中穗轴发病较轻；双立架栽培的较单立架感病重，这是因为双立架栽培透风条件差。

葡萄白腐病和葡萄炭疽病是引起烂穗的主要病害，白腐病比炭疽病发病早，在幼果期就开始，到后期两病并发大流行，引起严重的损失。生长后期罹病的果粒、穗轴和新梢脱落于地面，病菌开始漫长的休眠时期，在土壤的病原菌分生孢子可存活 2～3 年。如果在干燥条件下可以存活 10 年以上。这些分生孢子多分布在土壤 1 米以内的土层。

三、葡萄黑痘病

症状

黑痘病主要危害叶片、花穗、果穗、新梢和卷须等部位。叶片感病后，在叶脉两旁、叶内产生水渍状小点，逐渐变成明显的褐色斑点。斑点不规则，后期斑点中心组织枯死并脱落，形成空洞。斑点沿叶脉发展并形成空洞，这是黑痘病最明显的特征。

花穗受害后，花蕾呈现浅褐色小斑而枯死，果粒也呈现浅褐色小斑而枯死。小穗轴和主穗轴感病时，常使小穗轴上的果粒或全穗果粒枯死。果粒稍微长大后感病，病斑随着幼果长大而长大，最后形成圆形，病斑周缘呈褐色，中央灰白色，病健部分界明显。

新梢受害后呈现豆粒大的溃疡，稍隆起，后期龟裂，严重时后期枯死。

病原及发生规律

葡萄黑痘病无性阶段属半知菌亚门的葡萄痂圆孢菌，有性阶段属子囊菌亚门的葡萄痂囊腔菌。病菌菌核在新梢和卷须的病斑上越冬，第二年春季气温在2℃以上和连续潮湿的条件下，菌核便会产生大量的分生孢子。此后，一旦遇到降雨，把孢子传播到植株绿色幼嫩的部位，即可萌芽，引起初次侵染，此时如有游离水，便可侵染，侵入后有一定的潜伏期，如果温度在21℃～26℃时，病害发生最适宜，潜伏期就很短。孢子萌发形成芽管，通过表皮侵入，向内部组织蔓延。

葡萄园地面越冬的僵病果，也可以成为初次侵染源。

温度和湿度是影响病害发生的主要环境因素。病菌靠雨水传播，病斑表面也只有经过水分湿润后才能形成分生孢子，春夏雨水多是形成分生孢子的最佳条件，所以春夏雨水多的年份发病重。5 月份正值葡萄开花前后，这段时间雨水比较多，有利于黑痘病的发生。天气干旱不利于病害发生。葡萄幼嫩阶段容易发病，长大老化后不易发病。在植株生长后，只限于副梢上的幼叶和二次果发病，正常的大叶、大果粒一般不表现症状。

四、葡萄霜霉病

症状

葡萄霜霉病侵染植株幼嫩部分，特别是叶片。叶片受害后，病部呈油渍状、角状、淡黄色至红褐色，仅限于叶脉。发病 3～4 天后，病斑部位反面形成幼嫩密集白色霜状物，这是本病的特征。严重时叶片脱落。

幼嫩的果粒高度感病，感病后果色变灰，表面布满霜物。果粒长到 2 厘米时，一般不染病，到果粒成熟时很少发病，但感染的果梗可以传染给老果粒。

病原及发生规律

葡萄霜霉病菌属鞭毛菌亚门的葡萄生单轴霉菌，是专性寄生菌。病菌卵孢子在落叶中越冬。冬季暖和的地方，菌丝体也可附着在芽上或挂在树上的叶片上越冬。卵孢子可随腐烂叶在土壤中存活 2 年。春季气温达 11℃时，卵孢子在水中萌芽，产生孢子囊，经过雨水溅射，传播到叶片，从叶片背面气孔侵入。菌丝体在叶片细胞内蔓延，以吸器伸入细胞吸收养分。只要条件适宜，在生长期内病菌不断地进行重复侵染，到了七八月发病达高峰。生长后期，在病部组织中产生卵孢子越冬。

土壤湿度和空气湿度增加，有利于霜霉病的发生。因此，降雨是引起病害流行的主要因素。如果冬天潮湿，春天也潮湿，夏天温和，再加上每8~10天有一场暴风雨，这种天气的年份最易引起霜霉病的发生和流行。

果园地势洼，栽植过密，栅架过低，管理粗放，园内通风透光条件差，偏施氮肥，刺激抽发新梢，秋后枝叶过茂，组织成熟后，则发病重。一般美洲系品种葡萄较抗病，欧洲系品种葡萄则较感病。

五、葡萄白粉病

症状

白粉病主要危害葡萄的果粒、叶片、新梢及卷须等绿色幼嫩组织，以果实受害损失最大。叶片受害时，最初产生细小、淡色的霉斑，以后逐渐扩大呈灰白色，酷似尘埃或白粉。叶片的正反面和大小叶片均可感病。有时叶片正面感病呈现褪绿或发亮的斑点，似霜霉病的初期症状。幼嫩和伸展中的叶片感病后变扭曲，且发育缓慢。

叶柄和穗梗在整个生长季节均可感病，感病后组织变脆。绿色新梢感病后呈现黑褐色至黑色羽绒状斑，而后冬眠枝的表面变成红褐色。

花穗在开花前和开花后感病，会引起坐果不良和相当程度的果品损失。果实受害，在果面产粉状霉层，擦去霉层后，果面有褐色斑纹。幼果期受害，果实会萎缩脱落。果实稍大时受害，表皮细胞死亡而变褐，果实停止生长、硬化、畸形，有时开裂，味极酸。后期病果干枯或腐烂。

病原及发生规律

葡萄白粉病菌属子囊菌亚门的葡萄钩丝壳菌，是一种专性寄生菌。病菌菌丝在葡萄冬眠芽内，或以闭囊壳在植株残体上越冬。第二年葡萄萌芽后，病菌重新活动，以白色菌丝覆盖新梢，并产生大量分生孢子，被风传播到邻近植株上。

病菌的扩散，温度是主要因素。病菌最适合侵染和蔓延的温度是20℃～27℃，超过35℃会抑制病菌的发育和侵染。大气相对湿度40%～100%都适合病菌的侵染发展。5月中、下旬叶片和新梢开始感病，6月中、下旬果粒发病，并有硬果和裂果现象。幼叶和幼果易感病，老叶和果实着色后，很少发病。植株过密，管理粗放，通风透光条件不好有助于白粉病的发生。

六、葡萄灰霉病

症状

春季植株的芽和嫩梢感病后变成褐色，而后变干。开花前感病，在一些叶片上出现大型红褐色不规则的坏死斑，病斑常在叶脉边缘发生。

开花前病菌可侵染花穗，引起腐烂、干死并脱落。落花后病菌常在枯萎的帽状体、雌蕊和发育不全的果粒等部位发病。病菌从这些部位再进一步侵害果实和穗轴，形成褐色至黑褐色小型病斑。夏天，这些病斑完全包围果梗和穗轴，使果穗部分萎蔫并脱落。

病原及发生规律

葡萄灰霉病属半知菌亚门的灰葡萄孢菌。秋天病菌在枝蔓或僵果上形成菌核越冬，也有以菌丝在树皮和冬眠芽上越冬。无论是在哪个部位和以什么形式越冬的病菌，到第二年夏天，菌核和菌丝体产生分生孢子，借风雨传播到叶片和幼嫩的花穗上，进行初次侵染。病菌的侵入有的从伤口处侵入，如虫伤或被白粉病危害过的，或被鸟伤等造成的伤口，在某些情况下，花期的后期，也可以通过花柱头和花柱侵染，这些侵染，在葡萄着色前，侵染仍是潜隐的，一直到着色后才大量表现出症状。

七、葡萄褐斑病

症状

葡萄褐斑病只侵害叶片。两种症状：大褐斑病病斑，最初出现不规则或角状病斑，有时有弯曲轮廓，初期为暗褐色，后变赤褐色。病重时许多病斑融合在一起，叶正面的病斑周缘清楚，但反面的模糊。病叶最初在植株下部，特别是位于荫蔽处的叶片上出现，随着病组织变黑而脆；小褐斑病病斑，叶表面产生黄绿小斑点，逐渐扩大呈圆形病斑，斑点边缘色泽较深，暗褐色，中央部位则为茶褐色至灰褐色，病斑部位叶背出现灰黑色霉层，有明显的粉状物。严重时许多病斑融合在一起，形成大型斑纹。

病原及发生规律

大褐斑病菌属半知菌亚门的拟尾孢菌，小褐斑病菌属半知菌亚门的座束梗尾菌。病菌主要以菌丝体和分生孢子在落叶上越冬。第二年初夏长出新的分生孢子梗，产生新的分生孢子。新、旧分生孢子借风雨传播，到达叶面，由气孔侵入，引起初次侵染。发病通常是从下部叶片开始，逐渐向上部叶片蔓延。病菌侵入寄主后，经过约 20 天，环境条适宜时，又可不断地重复侵染。雨水多、湿度大的年份发病重；肥力不足、管理差的果园发病也较重。

八、葡萄根癌病（冠瘿病）

症状

葡萄根癌病一般发生在葡萄的根、根茎和老蔓上。初期病部形成愈伤组织状的癌瘤，稍带绿色或乳白色，质地柔软。随着瘤体的长大，逐渐变成深褐色，质地变硬，表面粗糙。瘤的大小不一，有的数十个小瘤簇生成大瘤，老熟病瘤表皮龟裂，在阴雨潮湿天气易腐烂脱落，并有腥味。受害植株由于皮层及输导组织被破坏，植株生长不良，叶片小而黄，果穗少而小，果粒不整齐，成熟期也不一致。病株抽芽少，长势弱，严重时整株干枯死亡。

病原及发生规律

葡萄根癌病属细菌性病害。病菌在土壤中越冬，条件适宜时，通伤口（剪口、嫁接口、机械伤、虫伤等）

侵入植株。雨水和灌溉是本病主要传播的媒介，苗木带菌是该病远距离传播的主要方式。细菌侵入后，刺激周围的细胞加速分裂，形成肿瘤。细菌的潜伏期很长，从几周至1年以上。5月下旬开始发病，6月下旬至8月为发病高峰，9月以后形成新瘤。温度适宜、降雨多、湿度大，癌瘤发生量也多。土壤黏重，地下水位高，排水不良以及碱性重的土壤发病重。切接芽比芽接发病重。起苗定植剪根、田间作业伤根，以及冻伤，都有助发病。玫瑰香、巨丰等品种高度易感。

七、葡萄寄生性线虫病

葡萄寄生性线虫病，很长时间对这类病害未予注意，因为线虫病损害根部，症状表现不明显。表现植株生长不旺和弱化，易被人们忽视。种类较多，有根结线虫、剑线虫、针线虫、根腐性其他线虫。本文只重点介绍根结线虫。

症状

根结线虫类似葡萄其他线虫病原引起的症状。植株地面部分无特殊症状，主要为生长不良，着色差，对逆境反应敏感等，从而降低产量。这些情况容易和缺水、缺肥等现象混淆。根系症状是幼嫩的吸收根或次生小根上发生细小的肿胀或小瘤，多次侵染则形成较大的瘤。瘤破裂分开时，用放大镜看见细小、闪光、白色的成熟雌虫。

病原及发生规律

根结线虫对葡萄生产有重大影响的有4种：南方根

结线虫、爪哇根结线虫、北方根结线虫和泰晤士根结线虫。线虫通常是随着苗木传入新区，一旦进入某处土壤内，将是永久的滞留。雌虫体外产卵，多数在一基质中藏有数百个卵。基质通常位于根外，但也有的位于根内，四周完全被根组织包围。自孵出成为2龄幼虫，这些幼虫迁移至新的部位取食，通过皮层后，成为静止的内寄生物。植物对线虫取食反应是形成多核的“大细胞”。幼虫不进一步取食，迅速脱皮3次，变成雌成虫，呈梨形。从卵到成虫约需25天。线虫主要在基质中的卵内发育为幼虫越冬。根结线虫多是孤雌生殖。雄虫在土壤中很少见或没有。雄虫生活史和雌虫第三龄以前相同。线虫在果园内蔓延，或随感染植株根或栽培管理措施扩展到新区。

第二节 葡萄虫害

一、葡萄透翅蛾

葡萄透翅蛾属鳞翅目，透翅蛾科。

危害状

幼虫蛀入嫩梢或1~2年生枝蔓内蛀食，受害部位膨大肿胀如瘤。蛀孔外有褐色粪粒。严重时嫩梢枯死，枝蔓干枯死亡，受害后的枝蔓叶片变黄，枝蔓易被风吹折断。

形态特征

成虫　体长18~20毫米，翅展25~28毫米。全体黑色，带蓝色光泽。前翅红褐色，前缘及翅脉黑色，中央半透明。后翅半透明，后缘黑色。腹部背面有 3 条黄色横带。

卵　椭圆形，略扁平，紫褐色。

幼虫　老熟幼虫体长 38 毫米。头红褐色，胴部黄白色，紫红色，圆筒形。前胸盾有一倒“八”字形纹。

蛹　体长 18 毫米，红褐色。

发生规律

葡萄透翅蛾一年发生 1 代。老熟幼虫在葡萄枝蔓内越冬。越冬幼虫于 5 月间化蛹，化蛹前先在被害枝蔓侧面咬一圆形羽化孔，以丝封闭。蛹期 10 天左右。成虫于 5 月下旬至 6 月上旬羽化，羽化时蛹壳常露出孔外一部份。一般葡萄开花盛期为成虫羽化盛期，约 20 天后，雌雄交尾产卵，白天产卵，卵散产于葡萄枝蔓上的叶腋、叶片、果穗、卷须、嫩芽等处，以叶腋和叶片上最多。每只雌虫一生可产卵 100 粒左右，卵期 8～13 天。初孵幼虫先取食嫩叶、茎蔓，然后蛀入嫩茎中，一般多从嫩梢的叶腋或叶柄基部蛀入，蛀入孔常有粪便。叶柄被蛀害，叶片凋萎；节间被蛀害，颜色变紫，易于识别。幼虫蛀入枝蔓后，先向嫩蔓先端方向蛀食，致使蔓梢很快枯死，幼虫则转向新蔓基部方向蛀食，被害部肿大，新蔓逐渐枯死，影响结果。幼虫常有转蔓的习性。7 月中旬以后幼虫食量增大，蛀入 2 年生老蔓，10 月以后幼虫继续向葡萄老蔓或主干蛀食，此时幼虫食量最大，危害也最重，常使较大的枝蔓枯死或折断。老熟幼虫多在 1～2 年生枝蔓内越冬。

二、葡萄天蛾

葡萄天蛾属鳞翅目，天蛾科。

危害状

幼虫将叶片食成缺刻和孔洞，稍大时将叶片食完仅残存部分粗脉和叶柄。

形态特征

成虫　体长45毫米左右，翅展85～100毫米。体肥大呈纺锤形。体、翅茶褐色，触角短、栉齿状。胸腹部背面有1条灰白色纵线，腹面呈红褐色。前翅有4～5条茶褐色横线，内外横线较宽。后翅黑褐色，前后翅反面红褐色。

卵　球形，表面光滑，淡绿色，孵化前淡黄色。

幼虫　老熟幼虫体长70～80毫米，绿色，背面较淡，腹部各节有浅黄色斜纹和黄色颗粒状小点。第八腹节背面中央有一锥状尾角，向下方略弯，青绿色，末端红褐色。

蛹　体长45～55毫米，灰褐色。

发生规律

葡萄天蛾一年发生1代。蛹在落叶中或土表下越冬。第二年6月成虫羽化，7月上旬为羽化盛期。成虫产卵在叶背和嫩梢上，每只雌虫可产卵400～500粒，卵期约7天，幼虫夜间取食，白天静伏。6～9月危害最严重，幼虫期40～50天，到9月下旬幼虫老熟后在土壤中或落叶中化蛹越冬。

三、葡萄虎蛾

葡萄虎蛾属鳞翅目，虎蛾科。

危害状

幼虫主要危害叶片，严重时也能咬断幼穗的小穗轴和果柄。

形态特征

成虫　体长18～20毫米，翅展44～45毫米。头胸及前翅紫褐色，体、翅上密生黑色鳞片，前翅中央有肾形纹和环状纹各1个，后翅橙黄色。腹部杏黄色，背面有一列紫棕色毛簇。

幼虫　老熟幼虫体长约40毫米。头部黄色，有明显的黑点。胸、腹背面淡绿色，前胸背板及两侧黄色，体表每节有大小黑色斑点，疏生长毛。

蛹　体长18～20毫米，红褐色，尾端齐，左右有突起。

发生规律

葡萄虎蛾每年发生2代。蛹在葡萄根部附近土内越冬。第二年5月中旬开始羽化为成虫。成虫产卵在叶片上，散产。成虫和幼虫白天隐伏在叶缘、叶背或杂草丛内，夜间才取食、交尾和产卵。成虫有趋光性。6月下旬越冬代幼虫开始孵化，初孵幼虫取食嫩叶；7月中旬化蛹，7月中旬至8月上旬出现当年（第1代）成虫，8～9月为幼虫危害盛期。幼虫老熟入土化蛹越冬。

四、葡萄虎天牛

葡萄虎天牛属鞘翅目，天牛科。又名葡萄枝天牛，葡萄虎斑天牛。

危害状

幼虫损害葡萄枝蔓。幼龄幼虫多在芽的附近蛀入皮下，被害处变黑，幼虫粪便堵塞在蛀孔道内而不排出；较大的幼虫多向枝梢方向蛀食，受害枝条呈现枯萎，并容易被风吹折断。

形态特征

成虫　体长 15 毫米，头部和虫体大部分黑色，前胸红褐色，略呈球形，体表密生小黑点。鞘翅黑色，合并时基部有“X”形黄白色纹；鞘翅近末端有黄色横带。腹部腹面有 3 条黄白色纹。

卵　椭圆形，乳白色。

幼虫　老熟幼虫体长 17 毫米，头小，无足，体淡黄褐色。前胸盾宽大，淡褐色，后缘有“山”字形凹钩纹。中胸至第八腹节的背面均有椭圆形肉质突起，全体粗生细毛。

蛹　体长约 12 毫米，淡黄白色，裸蛹。

发生规律

葡萄虎天牛每年发生 1 代。幼虫在被害的枝蔓内越冬。第二年 5 ~ 6 月份越冬幼虫开始活动危害，先在越冬部位蛀食，然后转向枝梢，致使新梢枯萎。7 月份幼虫老熟后在被害枝内化蛹，蛹期约 10 天，8 月份出现成虫，成虫寿命 7 ~ 10 天，白天活动交尾产卵，卵多产在芽鳞缝隙内或芽与叶柄之间，一般选择直径约 6～10 毫米粗的蔓上产卵，卵散产，卵期约 1 周左右，初孵幼虫从芽部蛀入蔓内，先在皮下危害，被害部表皮变黑，稍隆起；随着幼虫不断长大，蛀食逐渐深达木质部，直至入秋以后，幼虫即在被害枝内越冬。

五、葡萄十星叶甲

葡萄十星叶甲属鞘翅目，叶甲科。又名葡萄金花虫，俗称花大姐。

危害状

幼虫取食叶片。初孵幼虫密集在近地面的叶片上食害嫩叶基部，3 龄以后分散到植株上部食害嫩芽和叶片，老龄幼虫食量很大，常吃光叶片，仅存粗大叶脉，成虫也食叶及芽。

形态特征

成虫　形似瓢虫，体长 12 毫米，体土黄色。头小、大半缩入前胸内。鞘翅宽大，前缘超过体外，上布细密刻点。每个鞘翅上各有圆形黑色斑 5 个，两个鞘翅上共 10 个斑点，故名十星叶甲。

幼虫　体长约 8 毫米左右，土黄色。中、后胸背面有横排黑斑两行，每行有黑斑 4 个。腹部每节亦有黑斑两排，前排 4 个，后排 6 个。体侧突起显著，近气门的两行黑色斑突起。

蛹　近长方形，金黄色。长约 7 毫米。腹部各节背面有黑褐刺 4 根。

发生规律

葡萄十星叶甲一年发生1代。卵在葡萄植株附近落叶下及各树干基部土缝隙内越冬。第二年5月中旬越冬卵孵化，爬到嫩叶上取食。5月底6月初幼虫老熟化蛹。6月中旬左右成虫羽化，交尾产卵。7~8月份成虫羽化继续危害，雌雄交尾产卵越冬。

卵黏结成块，不易分开。初孵幼虫密集在附近地面的叶上食害嫩叶和嫩芽。幼虫有假死性，多在早晨6~8时及傍晚取食。成虫也有取食芽和叶片的习性，发生量大时，成虫、幼虫同时存在，在这种情况下受害严重。老熟幼虫在葡萄根部周围土内3~7厘米深处管土室化蛹。蛹期约10天。成虫羽化时间以上午6~8时为最多。白天取食、交尾，再经8~9天开始产卵。一只雌虫一生可产卵200~1000粒。成虫受触动后，自胸前方膜质部流出黄色恶臭液体。成虫寿命为60~100天。

越冬卵孵化、幼虫入土化蛹、成虫羽化出土，都与土壤湿度有很大的关系。如果土壤干燥不利卵孵化和成虫出土；如果土壤湿润则有利此虫的发生。

六、葡萄斑叶蝉

葡萄斑叶蝉属同翅目，小叶蝉科。又名葡萄小叶蝉，别名葡萄二点小浮尘子等。

危害状

成虫　体长2~2.6毫米，加上翅长为2.9~3.3毫米，全体黄白色。头顶上有2个明显的圆形斑点，复眼黑色。前胸背板前缘有几个淡褐色小点，大小变化较大，有时消失，中央有暗色纵纹，小盾片前缘左右各有一个大三角形黑纹。翅半透明，黄白色，有不规则的淡褐色斑纹，斑纹的浓淡及有无，在个体间有变化，其中黄白型居多。

卵　乳白色，长椭圆形，稍弯曲。

若虫　初孵化时白色，老熟时黄白色，体长约 2 毫米，胸部两侧可见明显的翅芽。

发生规律

葡萄斑叶蝉一年发生 2～3 代。成虫在葡萄园落叶、杂草及石块下越冬。第二年葡萄发芽前，越冬成虫开始出蛰，先在杂草、间作植物上活动、取食，以后到发芽早的其他果树（桃、苹果、梨）上取食汁液，葡萄展叶后又转移到葡萄。到 4 月下旬以后，越冬成虫开始产卵，卵散产于叶背面叶脉或茸毛中。第一代若虫发生在 5 月中、下旬，6 月上旬为第一代成虫发生期；6 月中旬出现第二代若虫，6 月下旬至 7 月为第二代成虫发生期。到 8 月出现第三代成虫。从全年种群数量发生情况看，以 5 月下旬第一代若虫发生期比较集中，此后世代重叠，各虫态并存。到 10 月以后成虫陆续进入越冬场所越冬。

葡萄斑叶蝉成虫多在叶背活动危害，数量多时也会在叶正面活动。气温低时活动力不强，气温高时多在树冠间上下跳跃。一般树冠郁闭，通风不良，杂草丛生的果园发生比较重。

七、斑衣蜡蝉

斑衣蜡蝉属同翅目，蜡蝉科。

危害状

此虫食性杂，寄主有20多种，尤以果树中葡萄受害最重。成虫和若虫吸食枝蔓和叶片的汁液，严重时造成叶片穿孔、破裂，枝条变黑。其排泄物落于枝叶和果粒上，引起霉菌寄生变黑，影响光合作用，降低产量和质量。

形态特征

成虫　体长15～22毫米，翅展45～52毫米，雄虫略小。体褐色，附有白色蜡粉。头顶向上翘起，呈突角状，复眼黑色，向两侧突起。触角3节，鲜红色、歪锥状，基部膨大。前翅革质，基部1/3为淡褐色，上布黑色斑点10～20个，端部黑色，脉纹淡白色。后期基部鲜红色，上有黑点数个，中部白色，端部黑色。

卵　圆柱形，卵粒平行整齐排列成块状，每块卵约有40～50粒，其上覆盖有灰色土状的蜡质物。

若虫　体扁平。1～3龄若虫体黑色，有许多小白点，4龄后的若虫体呈红色，有黑点，翅芽显露。

发生规律

斑衣蜡蝉每年发生1代，卵在葡萄枝蔓、架材和树干、枝杈等部位越冬。第二年4月陆续孵化。若虫常群集于嫩茎、嫩叶背面危害，脱皮4次后，于6月下旬出现成虫，8月中、下旬雌雄交尾产卵越冬。若虫性活泼，受惊扰即跳跃逃避，从4月下旬到10月，田间先后均有若虫和成虫危害，成虫寿命可达4个月之久，成虫于10月下旬以后逐渐死亡。成虫和若虫都有群体性，弹跳力很强，成虫受惊可猛跳跃达1～2米远。

八、葡萄根瘤蚜

葡萄根瘤蚜属同翅目，根瘤蚜科。是一种毁灭性害虫，只危害葡萄，在国内东北和西北部分省市有危害，四川未见报道。近年来由于引种频繁，已列为国内外重要检疫对象。为了避免发生，将此虫写出来，目的在于识别，并引起注意。

危害状

被害葡萄因品种不同症状有差异。美洲系品种根和叶均受害，欧洲系品种主要是根部受害。

根部受害后形成突起状根瘤，容易坏死腐烂，影响吸收功能，造成树势衰弱，以致死亡；叶片受害后，在叶片形成虫瘿，影响生长发育。

形态特征

根瘤蚜分为4个类型，即叶瘿型、根瘤形、有翅形和有性型。

叶瘿形　成虫近圆形，长约1毫米，黄色，体背凹凸不平。卵长椭圆形，淡黄色，若虫浅黄色。

根瘤形　成虫体卵形，长1.2～1.5毫米，黄色至黄褐色，体背有许多瘤状突起。卵长椭圆形，淡黄色或黄色。若虫椭圆形，淡黄色。

有翅型　成虫长椭圆形，体长0.9毫米，体淡黄色至橙黄色，有翅，翅面有不明显的近半圆形小斑点。卵似根瘤型。若虫淡黄色，体背有黑色瘤，具灰黑翅芽。

有性型　是有翅型孵化而来的，大型卵孵化为雌虫，小型卵孵化为雄虫。成虫长椭圆形，淡黄至黄色，无翅，有黑色背瘤。卵长椭圆形，深绿色。若虫在卵中发育，孵化后不再蜕皮。

发生规律

根瘤蚜主要行孤雌生殖，繁殖速度快，发生世代多，生活史复杂。根瘤型蚜虫寄生于葡萄根部，幼龄蚜在根部裂缝过冬，无翅雌蚜孤雌虫产卵繁殖，成虫和若虫在细根危害，形成根瘤；叶瘿型蚜以卵在树上过冬，若虫和成虫在叶背危害，刺激形成虫瘿，成蚜在虫瘿内产卵繁殖，根瘤型蚜不定期可变为有翅型蚜，有翅型产卵可孵出有性型蚜。

在我国东北和华北部分地区，主要是根瘤型蚜，全年可发生8代，初龄蚜虫在根部越冬。第二年4月份开始活动。5月上旬产第一代卵。全年以5月中旬至6月中旬和9月份繁殖数量最大，侵害细根形成虫瘿，并扩散转移，直到秋末进入越冬。根瘤型蚜从6月份开始产生有翅型蚜，从土里爬出上树，8~9月份发生较多，但在枝蔓上很难找到卵。

葡萄根瘤蚜对外界环境条件适应性很强，干旱易造成大面积发生，多雨不利于繁殖，土壤疏松便于蚜虫迁移、繁殖，土壤板结时发生较轻，蚜虫在土内可忍受零下十多度的低温。

第三节 葡萄病虫害综合防治

影响葡萄生产的主要是病害，害虫所造成的损失，比病害造成的损失要轻得多。因此，葡萄园病虫综合防治的重点是针对病害。葡萄病害中又以炭疽病、白腐病、黑痘病和霜霉病为主。四川盆地葡萄生长季节，天气比较潮湿，上述几种病害尤为严重。其次是白粉病、褐斑病等，白粉病在一些较干燥地区的某些年份发生也较重，褐斑病是由于中熟葡萄品种在采收后忽视喷药防治，招致病害蔓延，引起早期落叶。

葡萄病害的综合防治措施，主要是加强果园管理，配合药剂防治。

一、加强栽培管理

加强栽培管理，增强树势，提高抗病虫危害能力，减少病虫基数，这是一项行之有效的措施。

许多病虫都在果穗、枝条、卷须和树叶上越冬。这些器官常残留在株上或挂在卷丝上或落在地面上。如炭疽病、黑痘病、霜霉病、白粉病、褐斑病等和葡萄斑叶蝉、葡萄透翅蛾、葡萄天蛾、葡萄虎蛾以及葡萄虎天牛等。冬季修剪时，要尽量剪除这些病虫枝蔓，修剪后，把这些残体清除出果园，集中烧毁；冬季翻地，可将一些地里越冬病虫除掉，如葡萄白腐病、金龟子类和叶甲类等病虫害。结合施肥，可以减轻病虫来源，而葡萄植株的养分，主要靠冬季施的有机肥即基肥。如果植株不施肥，必将削弱树势，减轻抗病力，炭疽病、褐斑病发生的机会就多，危害就重。由于需要钾肥量大，如能适当施用，既能改善果粒质量，对植株有利，又能提高抗病能力，搞好果园排水设施，减少果园积水和果园湿度，能使病菌不易蔓延至周围，也能营造出不利于各种病虫发生的生态环境；根据品种特性和土壤情况，适当留结果母枝，使新梢能均匀地分布于架面。阳光能充分照射植株，这就减少了各种病害的诱发。同时还要及时进行打副梢、绑蔓等，这项作业最好在喷药前进行，能使药液充分地分布在植株各个部分；成年树早春刮树皮，可以将一些害虫除去，如蚧类，刮后喷石硫合剂，可以彻底把虫子杀死，也可兼治褐斑病菌过冬的分生孢子。

二、科学使用农药

休眠期施用铲除剂，消灭越冬病虫害。所谓铲除，就是选择病虫薄弱环节，喷射较强的杀虫杀菌剂，把潜伏的病原菌杀死，减少来年病菌浸染的机会。因为葡萄在休眠期抗药力强，在生长期，叶片和果粒对药剂都比较敏感，易产生药害。

休眠期可用30%机油·石硫微乳剂800倍或波美3~5度石硫合剂清除在植株上越冬的黑痘病、炭疽病等多种病原菌，以及蚧类、瘿螨等越冬害虫。

生长期施用保护剂，由于四川生长期雨水频繁，各种病害比较多，从开花后到采收前半个月，应以防治病害为主，在叶蝉较多的果园可以将杀虫杀菌剂混用，兼治病虫害，病害的主要对象有炭疽病、白腐病、霜霉病、灰霉病、白粉病和褐斑病。开花前（5月上旬以前），根据病情可用1:200~240波尔多液，或80%代森锰锌可湿性粉剂600~800倍液，或25%醚菌酯悬浮剂

1500 倍，或 40% 嘧霉胺悬浮剂 2000 倍，或 10% 苯醚甲环唑水分散粒剂 3000 倍，或 30% 苯甲 · 丙环唑 3000 倍，或 50% 多菌灵 500 倍液保叶；在果粒生长期，要喷药保果，药剂用上述品种。中熟品种采摘后，要喷药保叶，可用 58% 甲霜 · 锰锌可湿性粉剂 600 倍液。